酷科学 KU KEXUE JIEDU SHENGMING MIMA
解读生命密码

生命的繁衍
——生殖与遗传

王　建◎主编

时代出版传媒股份有限公司

安徽美术出版社

全国百佳图书出版单位

图书在版编目（CIP）数据

生命的繁衍——生殖与遗传/王建主编．—合肥：安徽美术出版社，2013.3（2021.11重印）

（酷科学．解读生命密码）

ISBN 978－7－5398－3548－8

Ⅰ.①生… Ⅱ.①王… Ⅲ.①生殖－青年读物②生殖－少年读物③遗传学－青年读物④遗传学－少年读物

Ⅳ.①Q418－49②Q3－49

中国版本图书馆 CIP 数据核字（2013）第 044139 号

酷科学·解读生命密码
生命的繁衍——生殖与遗传

王建 主编

出 版 人：王训海

责任编辑：张婷婷

责任校对：倪雯莹

封面设计：三棵树设计工作组

版式设计：李　超

责任印制：缪振光

出版发行：时代出版传媒股份有限公司

　　　　　安徽美术出版社 （http://www.ahmscbs.com）

地　　址：合肥市政务文化新区翡翠路 1118 号出版传媒广场 14 层

邮　　编：230071

销售热线：0551－63533604　0551－63533690

印　　制：河北省三河市人民印务有限公司

开　　本：787mm×1092mm　　1/16　印　张：14

版　　次：2013 年 4 月第 1 版　2021 年 11 月第 3 次印刷

书　　号：ISBN 978－7－5398－3548－8

定　　价：42.00 元

{P REFACE}

生命的繁衍——生殖与遗传

　　大自然为我们创造了一个丰富多彩的生物世界。当我们仰视参天的树木，俯视微小的蝼蚁，当我们聆听着鸟语，陶醉于花香之中时，我们不禁为造物主的神奇而深深折服。世上的生物之所以如此多姿多彩，离不开奇妙的生命活动——生殖与遗传。

　　自古以来，人类一直在探索自身的奥秘，人的生、老、病、死，意识和行为等都是人们希望明白的奥秘。20 世纪50 年代以来，分子生物学及生物技术的飞速发展，特别是随着人类基因组研究计划的顺利完成以及后基因组计划的开始，人类自身的奥秘不断被揭示出来，人们对优生的认识达到空前的高度，从而也引起了更多的对生殖与遗传的关注和兴趣。

　　生殖是指生物产生后代和繁衍种族的过程，是生物界普遍存在的一种生命现象。生物如果不能生殖，种族就会灭绝，生物界也就不会继续存在。即人们常说的"种瓜得瓜，种豆得豆"。遗传是生物亲代与子代之间、子代个体之间相似的现象。但在遗传学上，指遗传物质从上代传给后代的现象。遗传反映生物进化中的继承性和连续性，即其相对静止、相对稳定的方面。遗传学是研究生物遗传变异规律的科学，它是人们认识生物、改造生物的有力武器，是生物科学的主要基础理论之一，也是一切生物科学的共同语言和不可缺少的基本知识，对农业、工业、医疗卫生和国防事业的发展均有重要作用。

科学技术的日新月异，创造了无数生命史上的奇迹。克隆技术、基因工程的产生和发展，打破了生殖与遗传的自然规律。克隆技术、基因工程在医疗、工农业等方面的应用，减轻了疾病给人类带来的痛苦，使我们的生活更加绚丽多彩。

本书介绍了生命的物质基础、生物的生殖方式（重点介绍了人类的生殖）、生物的遗传规律，以及生殖与遗传学的发展和应用，特别是克隆技术和基因工程，同时介绍了人类基因组及基因组计划。

科学知识是动态的，任何看起来很成熟的知识，都不是终极的知识，它的进一步完善和发展都是永无止境的。希望本书能帮助广大青少年了解更多的生殖与遗传知识，培养对科学的严谨态度，激发对科学探索的兴趣。

CONTENTS

克隆技术

基因工程

认识生命

地球上的生命究竟是如何诞生的？这至今依然是一个悬而未决的问题。根据科学家们的推测，在35亿年之前地球上就已经出现了生命，但生命的源头在哪里？人类的祖先又是谁？本章将通过基因专家对人类基因的长期追踪，为您逐步揭开生命起源的奥秘。

生命的起源

在地球上，居住着无数的"居民"。有的翱翔于云端之上，有的扎根于土壤之间，有的寄身于洞穴之内，有的潜游于湖海之中。有的朝生暮死，有的长寿千年。尽管它们千差万别、多种多样，但都有一个共同的特征，即有生命。这些"居民"大致可以分为3类：动物、植物、微生物。它们共同组成生物界。根据科学记载，动物有100多万种，植物有30多万种，微生物也有好几万种。但实际上生物的种类远不止这些，因为有很多种生物还未被发现，科学家们还在寻找之中。人类本身也是生物界中的一类，只因为人会劳动、会思想，与众不同，所以被誉为"万物之灵"。

生物有着各种各样的生命活动。最常见的是任何生物都有生、有长、有老、有死。一粒种子在有空气、水分、营养物质存在及一定的温度条件下，从发芽、生长、开花、结果，到最后死亡；一个初生婴儿，经哺乳期、幼年、少年、青年、壮年直到衰老去世……这些都是生物体进行生长发育的生命现象。所谓生长发育，就是生物体摄取外界物质建造自己身体的一系列量变和质变的复杂过程。在生长发育过程中，生物体要不断地进行新陈代谢。新陈代谢是生物体最基本的生命活动，也是生物和非生物的主要区别。

另外，还有一种生命活动，这就是生物繁殖后代——"生儿育女"。繁殖亦称生殖，是生物体生长发育的必然结果。凡是生物都具有繁殖后代的本能。生物如不能繁殖，种族就会灭绝，生物界也就不会继续存在。

环顾广阔的自然界，我们

基本小知识

新陈代谢

生物体与外界环境之间的物质和能量交换以及生物体内物质和能量的转变过程叫新陈代谢。

到处都可以发现生命的踪迹，察觉到生命的活动。具有生命的有机体尽管多种多样，千差万别，但它们都有生、有死，都能在成熟之后，采取一定的方式繁殖后代。地球上的各种生物都是"远亲近戚"，都是从一些最简单、最原始的生命类型逐渐演变而来的。那么，地球上最初的生命又是怎样诞生的呢？

对于生命起源的问题，从古代到17世纪一直盛行着"自然发生"的观点。这一观点根据简单的观察，认为生命是从非生命物质中快速而直接地产生出来的，如从汗水中产生虱子，从腐肉中生出蛆，从潮湿的土壤中长出蛙等。直到17世纪初，范·赫耳蒙特还开出了制造老鼠的处方：把小麦苗和被汗水浸湿的衬衣都放进容器里进行"发酵"，经过21天就会长出活的老鼠。到了17世纪中叶，人们开始用实验的方法探讨生命起源的问题。1669年，意大利医生弗朗西斯科·雷第首先用实验证明腐肉本身并不会生出蛆，只有当蝇卵落在腐肉上才会长出蛆来否定了"腐肉生蛆"的观点。

19世纪，巴斯德做了一个经典的实验：将肉汤煮沸后不封闭管口，使空气通过一段由水蒸汽凝结成水液的曲颈而进入烧瓶，空气中的微生物则不能进入烧瓶，这种烧瓶中的肉汤过了几个月仍然很新鲜，而在没有曲颈的烧瓶内，肉汤在几小时内就腐败了。实验表明：液体腐败是由于微生物的活动而引起的，如果有机浸液未被环境中的微生物所污染，就不会生出任何生命来。

广角镜

巴斯德

巴斯德（1822—1895），法国微生物学家、化学家。他研究了微生物的类型、习性、营养、繁殖、作用等，奠定了工业微生物学和医学微生物学的基础，并开创了微生物生理学。他也在战胜狂犬病、鸡霍乱、炭疽病、蚕病等方面都取得了成果。英国医生李斯特并据此解决了创口感染问题。从此，整个医学迈进了细菌学时代，得到了空前的发展。美国学者麦克·哈特所著的《影响人类历史进程的100名人排行榜》中，巴斯德名列第11位，可见其在人类历史上巨大的影响力。其发明的巴氏消毒法直至现在仍被应用。

那么，生命是从何而来的呢？

特创论认为生命是由超物质力量，或者是一种超越物质的先验所决定的。这是在人类认识自然能力很低的情况下产生的观念，后来又被社会化了的意识形态有意或无意地利用，致使崇尚精神绝对至上的人坚信特创论。

无生源论认为上古时期人们对自然的认识能力较低，但已能进行抽象的思维活动。根据现象做出了生命是自然而然地发生的结论，代表思想有中国古代的"肉腐生蛆，鱼枯生蠹"和亚里士多德的"有些鱼由淤泥和砂砾发育而成"等。

生源论。随着认识的不断深入，人们认识到蛆是由苍蝇产卵而来，巴斯德之后，人们认为生命由亲代和孢子产生，即生命不可能自然而然地产生，但是生源论没有回答最初的生命是怎样形成的。

宇宙胚种论。随着天文学的大发展，人们提出地球生命来源于别的星球或宇宙的胚种，这种认识风行于 19 世纪，现在仍有极少数人坚持这种观点。根据是地球上所有生物有统一的遗传密码和稀有元素钼在酶系中有特殊的重要作用等事实。

化学进化论主张从物质的运动变化规律来研究生命的起源，认为在原始地球的条件下，无机物可以转变为有机物，有机物可以发展为生物大分子和多分子体系，直到最后出现原始的生命体。1924 年，前苏联学者奥帕林首先提出了这种看法；1929 年，前英国学者霍尔丹也发表过类似的观点。他们都认为地球上的生命是由非生命物质经过长期演化而来的，这一过程被称为化学进化，以别于生物体出现以后的生物进化。1936 年出版的奥帕林的《地球上生命的起源》一书，是世界上第一部全面论述生命起源问题的专著。他认为原始地球上无游离氧的还原性大气在短波紫外线等能源作用下能生成简单有机物（生物小分子），简单有机物可生成复杂有机物（生物大分子）并在原始海洋中形成多分子体系的团聚体，后者经过长期的演变和自然选择，终于出现了原始生命，即原生体。化学进化论的实验证据越来越多地被绝大多数科学家所接受。

天文学、地球化学、地球物理学、地质学、宇宙考察等方面的资料告诉我们：我们现在的太阳系——太阳、地球以及太阳系的其他行星都是由同一个宇宙尘埃云和同样一些物质形成的。地球诞生的年代大约是距今 46 亿年前。当时，固体尘埃聚集结合成为地球的内核，外面围绕着大量的气体，绝大部分是氢和氦。此后，由于物质集合收缩及内部放射性物质产生的大量热能，使地球的温度不断升高，大气中气体分子运动速度增大，一些分子量较小的气体终于摆脱地球的引力，不断地逸到宇宙中去。同时，强烈的太阳风也把地球外围的气体分子（如氢、氦）吹开而消失到宇宙深处。因此，在地球的历史上，虽然最初有很多的大气，但此后有一段时期，其大气层几乎完全消失了。直到地球表面温度逐渐下降以后，才重新产生大气层。

知识小链接

内　核

内核是生物遗体中空部分的充填物。如双壳类和腕足类常形成内核化石，其表面即外壳的内模。

地球内部的高温使物质分解产生大量的气体，冲破地表释放出来。据推测，其中有二氧化碳、甲烷、水蒸气、硫化氢、氨、氰化氢等。这些新产生的气体离开地表以后，很快冷却，保留在地球的外围逐渐形成一个新的大气层。这是地球第二次形成的大气层，是还原性的。另外，在强烈的紫外线作用下，有少量水蒸气分子被分解为氢分子和氧分子。氢分子因质量小而浮到大气层最高处，大部分逐渐消失到宇宙空间；氧分子则跟地面一些岩石结合为氧化物。因此，当时的大气层中不存在游离的氧，这跟以后地球上产生生命有很大的关系。

在地球表面温度下降的同时，由于内部温度仍然很高，所以，火山活动仍然很频繁，火山爆发喷出大量的气体（包括水蒸气）。另一方面，由于地壳不断发生变动，有些地方隆起成高原或山峰；有些地方收缩下降而成低地和山谷。大气层中的水蒸气很快达到饱和，冷却成为雨水降落到地面上来，聚集在一些低洼的地方，逐渐积累形成湖泊、河流，最后汇集在地面上最低的区域，形成最初的海洋——原始海洋。

没有游离氧存在的、具有还原性的原始大气和原始海洋为原始生命的形成和发展提供了条件。1876年，恩格斯提出了"化学起源说"，指出：生命的起源必然是通过化学的途径实现的。实际上，当雨水把大气中的一些生成物带到原始海洋后，原始海洋就成了生命化学演化的中心。

生命的化学进化过程经历了十几亿年的时间，直到约32亿年前才出现了最古老的微生物。这一进化过程经历了如下4个主要阶段：

（1）由无机物生成有机小分子。

在原始地球的条件下，当时地球原始大气中的小分子无机物（如 NH_3、H_2O、H_2S、H_2 等）由于地球引力而逐渐增加密度，在自然界中的宇宙射线、紫外线、闪电等的作用下，就可能自然合成出氨基酸、核苷酸、单糖等一系列比较简单的有机小分子物质，完成了化学进化的第一阶段。这些有机小分子通过雨水的作用，流经湖泊和河流，最终汇集到原始海洋中。

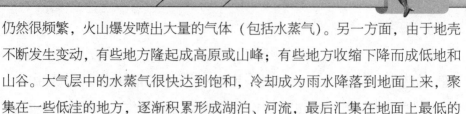

趣味点击　地球引力

引力是质量的固有本质之一。每一个物体必然与另一个物体互相吸引。尽管引力的本质还有待于确定，但人们早已觉察到了它的存在和作用。接近地球的物体，无一例外地被吸引朝向地球质量的中心。因为在地球表面上的任何物体，与地球本身的质量相比，实在是微不足道的。

（2）由有机小分子物质形成有机高分子物质。

氨基酸、核苷酸的出现为有机高分子物质的产生奠定了基础。在当时的条件下，多种因素共同作用，使许多氨基酸单体脱水缩合而成蛋白质长链，许多核苷酸单体脱水缩合而成核酸长链。蛋白质、核酸是生命体不可缺少的基本成分。因此，有机高分子物质的出现标志着化学进化过程中的一次重大飞跃。

（3）由有机高分子物质组成多分子体系。

在这一阶段，蛋白质、核酸、多糖、类脂等有机高分子物质在原始海洋中不断积累，浓度不断升高。通过水分的蒸发，黏土的吸附作用等过程，这些有机高分子物质逐渐浓缩而分离出来，它们相互作用，凝聚成小滴。这些小滴漂浮在原始海洋中，外面包有原始的界膜，与周围的原始海洋环境分隔开，构成一个独立的体系——多分子体系。这种体系能够与外界环境进行原始的物质交换，显示出某些生命现象。因此，多分子体系是原始生命的萌芽。

（4）由多分子体系发展为原始生命。

从多分子体系演变为原始生命，这是生命起源过程中最复杂、最有决定意义的阶段。有些多分子体系经过长期的演变，特别是由于蛋白质和核酸这两大类物质的相互作用，终于形成具有原始新陈代谢作用和能够进行繁殖的原始生命。

最初的原始生命是在极其漫长的时间内，由非生命物质经过极其复杂的化学过程，逐步演变而成的。原始生命形成以后，就进入了生物进化阶段。应该强调的是：蛋白质和核酸是生命体内最基本、最重要的物质。没有蛋白质和核酸，就没有生命。

◉➡ 生命的进化

从最古老的单细胞到有着复杂生命结构与思维的人类，在漫长的生命行进征程中，形形色色的生物从出生到灭亡，从低等到高等，究竟是何种神奇的力量推动着生物的进化发展呢?

最初的原始细胞,叫原核生物,至今仍以细菌的方式存在。它们都没有一些较高级细胞那样的细胞核、亚细胞结构和细胞器。这些细胞不能获得自身的养料,而将排出的有机物分子溶解在自己生活的海洋中。这种营养方式(摄入现成的养料)被称

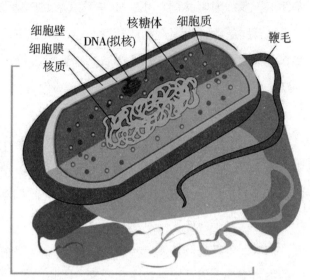

原核生物

为异养型。细胞也不能利用氧气以获得能量。最初的生命实际上是厌氧型的,因为大气中没有自由氧或单体氧。

厌氧呼吸的效率极为低下,它需要很多养料来产生很少的能量。但是,在充满大量有机物的海洋中,海洋所含养料不能持续很长时间。生命体消耗养料的速度比通过化学过程补充养料的速度快得多。没有养料,生命不可能生存。

25亿～30亿年前,经演变生成的叶绿素大大改变了进化的过程。它提供了一种从阳光中获得能量,并转变成可存储的化学能量或养料的方法。因此,生命体不再依赖通过厌氧呼吸过程聚集

你知道吗

光合作用

光合作用即光能合成作用,是植物、藻类和某些细菌,在可见光的照射下,经过光反应和暗反应,利用光合色素,将二氧化碳(或硫化氢)和水转化为有机物,并释放出氧气(或氢气)的生化过程。光合作用是一系列复杂的代谢反应的总和,是生物界赖以生存的基础,也是地球碳、氧循环的重要媒介。

起来但不断减少的营养素。对岩石的化学分析表明我们的大气层在 20 亿年前就有氧气存在。

自由氧出现后不久就逐渐形成有氧生命。细胞利用氧气从营养素中获得的能量为没有氧气时的近 20 倍。简单的原核细胞有机化，形成第一个真核细胞。这种变化大约在 14 亿年前出现。不久，真核细胞开始聚集成多细胞有机物。最古老的多细胞动物化石大约在 10 亿年前出现。

在氧气进入大气层之后，生命开始进入陆地。如果没有自由氧，实际上不可能演变出陆地上的生命。原因在于：生命在海洋中通过化学合成进化，这是一个艰难的过程。刚刚形成的有机物分子结构复杂且脆弱。强烈的太阳光，特别是紫外线，照射地球，有机物分子刚形成时很容易被毁掉。在这种条件下即使最简单的细胞都没有机会进化。但是，如果这些分子形成后沉入水中，基本上也能躲避射线，化学合成可以进行得很顺利。然而，陆地上的生命不断受到紫外线的伤害。

我们来看看氧气。紫外线和闪电放电将上层大气层中的氧气转变成臭氧。

臭氧的独特能力是吸收紫外线。因此，随着建立臭氧保护层（现在仍然存在，但环境学家认为它正在逐步消失），生命有可能迁移到陆地上（事实上已迁移到陆地上），经过数十亿年的进化而成为臭虫、青蛙、蛇、鸟、蕨类、花、黄瓜和人类。没有臭氧保护层，绝对不可能有这些进化。

就目前我们所知，在太阳系的其他地方不存在生命。对火星和月球泥土所做的直接检验表明那儿没有生命存在。金星上的温度过高。水星上的温度要么过高，要么过低，辐射也太多。在木星、土星、天王星和海王星等大行星中没有合适的物质，表面温度也太低。冥王星是一片冰冻的荒地。在 60 多颗卫星中，也许只有几颗卫星上存在一些简单的微生物，但这一点尚无法确定。生命的进化需要合适的物质、能量和温度，这是让人极为珍惜的条件。生命日益复杂和多样化，要求客观条件在关键方面发生改变，从而异养型生物才能变成自养型生物，厌氧微生物才能进化成需氧微生物，水生动物才能离开海洋走上陆地。

知识小链接

微生物

微生物是包括细菌、病毒、真菌以及一些小型的原生动物、显微藻类等在内的一大类生物群体，它个体微小，却与人类生活关系密切。涵盖了众多种类，广泛涉及健康、食品、医药、工农业、环保等诸多领域。

19 世纪英国伟大的博物学家达尔文第一次科学系统地揭示了生物界发展的规律。1859 年，达尔文的《物种起源》出版后，生物普遍进化的思想以及物竞天择、适者生存的进化机制已成为学术界、思想界的公论。由此，达尔文的生物进化论被称为 19 世纪自然科学的三大发现之一。

达尔文

达尔文，1809 年 2 月生于英国。幼年时代，他并没有表现出什么特别的天赋。只是到了青年时代，迷恋大自然的天性才给他带来了创造奇迹的机遇。1831 年，达尔文搭乘英国的海洋考察船"贝格尔"号环球航行，开始了改变他一生命运的事业之旅。达尔文实地考察了南美洲与太平洋群岛的海洋和岛屿。每航行到一个地方，他都广泛收集地质学、动物学、地理学、胚胎学等各方面的证据，并坚持采集各种岩石、植物和动物的标本，同时还记下了许多珍贵的笔记。1836 年回到英国后，他已成为一个经验和知识都很丰富的博物学家。

在这次环球考察后，达尔文经过深入思考得出了一个重要的结论：某个物种只要条件比其他物种优越，哪怕是略见优越，也会有很好的机会生存下来并且繁殖后代。这就是著名的自然选择理论，它是达尔文生物进化论的主要组成部分之一，而适者生存正是自然选择理论的精髓。达尔文曾对马德拉岛的昆虫进行研究。马德拉岛位于大西洋，经常遭到风暴的猛烈侵袭。他发现在该岛居住的几百种甲虫中，有两种甲虫的翅膀弱到了不能飞翔的程度。这是为什么呢？原来经过无数次的风暴，善飞的昆虫都被风暴吹到了海里，只有这些翅膀发育很弱

甲　虫

的昆虫类型得以存留。正是由于它们的存留，才产生了现在马德拉岛上的甲虫群。这是适者生存的一个经典案例。

后来，达尔文在 1859 年出版的《物种起源》一书中系统地阐述了他的进化学说。在该书中，达尔文提出了一个又一个令人震惊的论断：生命只有一个祖先，因为生命都起源于一个原始细胞的开端；生物是从简单到复杂、从低级到高级逐步发展而来的；生物在进化中不断地进行着生存斗争，进行着自然选择；人类并不比动物高级多少，人类也起源于某些原始细胞，经过逐渐进化，变成了鱼、两栖动物、哺乳动物，再经过进化才变成了类人猿和今天的人类。达尔文的《物种起源》成了生物学史上的经典著作。如今，《物种起源》所提及的许多观点已成为人尽皆知的常识。

达尔文的进化论，从生物与环境相互作用的观点出发，认为生物的变异、遗传和自然选择作用能导致生物的适应性改变。它由于有充分的科学事实作根据，所以能经受住时间的考验，百余年来在学术界产生了深远的影响，但

达尔文的进化论还存在着若干明显的缺点：他的自然选择原理是建立在当时流行的"融合遗传"假说之上的。按照融合遗传的概念，父、母亲体的遗传物质可以像血液那样发生融合；这样任何新产生的变异经过若干世代的融合就会消失，变异又怎能积累、自然选择又怎能发挥作用呢？达尔文过分强调了生物进化的渐变性；他深信"自然界无跳跃"，用"中间类型灭绝"和"化石记录不全"来解释古生物资料所显示的跳跃性进化。他的这种观点近年正越来越受到有关学者的猛烈批评。

细　胞

我们知道，生命活动的基本单位是细胞。所有的生命形式，基本上都是以细胞为基础的。生命要延续，不管是有性生殖，还是无性生殖，归根结底，都是小小的细胞在不停地"吃喝拉撒"，在不停地复制自己。

一个小小的细胞，从出生、成长发育、繁殖、分裂，使得育种和杂交成为可能，成千上万个细胞构成的生物组织"军团"，使得栽培和嫁接成为可能。归根结底，还是因为细胞本身就包含了生命的全部复制功能。那么，细胞是如何被发现的？它的神秘之处又是什么呢？

广角镜

嫁　接

嫁接，植物的人工营养繁殖方法之一。即把一种植物的枝或芽，嫁接到另一种植物的茎或根上，使接在一起的两个部分长成一个完整的植株。嫁接时应当使接穗与砧木的形成层紧密结合，以确保接穗成活。接上去的枝或芽，叫接穗，被接的植物体，叫砧木。接穗一般选用具有 2 ~ 4 个芽的苗，嫁接后成为植物体的上部或顶部。

细胞的发现

生命开始于细胞，所有的生

命活动只有在细胞中才能进行。细胞的发现也经历了一个漫长的过程。

17 世纪，英国科学家罗伯特·虎克使用自制的显微镜，观察到软木薄片上有许多像蜂窝一样的小格子，并将其命名为细胞，即"小室"的意思。

直到 19 世纪 30 年代，第一台改良的显微镜出现了，才陆续有几个科学家不断发现细胞有细胞壁、细胞质和细胞核等结构。

1838 年，德国耶拿大学植物学教授施莱登总结上述发现指出，所有的植物体都是由细胞组成的。他提出，植物是由细胞组成的，一株植株是一个整体，是一个细胞团。

施莱登

施莱登还提出一个新细胞起源于一个老细胞的核，最初形成老细胞球体的一个裂片，然后分离出来，成为一个完整的细胞。

1839 年，另一个德国动物学家施旺证实了施莱登的论点，他发现蝌蚪的脊索、鸡的胚层以及猪的胚胎组织都是由细胞所构成的。施旺是德国卢万大学的解剖学教授，他把细胞学说扩展到动物界。他以这样一句话概述了这个学说的内容："无论有机体的基本部分怎样不同，总有一个普遍的发育原则，这个原则便是细胞的形成。"施旺认为，一切动物的受精卵是单个细胞，不管这些细胞是大如鸡蛋还是小如哺乳动物的卵，在本质上都是一样。因此，一切动物都是从单一细胞开始自己的个体发育史。施旺也提出动物受精卵中的新细胞在老细胞之内发育。

施　旺

施莱登关于植物细胞的见解和施旺关于动物细胞的见解，共同构成了细胞学说的基础。这个学说简明地提出：一切生命物质，从最简单的单细胞生物体到非常复杂的高等植物和动物，都是由细胞组成的；每个细胞不但能够独立地起作用，而且也作为整个生物体的部分行使功能。

细胞学说表明了所有的生物都是统一的，都有着共同的特征和共同的起源。恩格斯把细胞学说誉为 19 世纪自然科学的三大发现之一。

知识小链接

显微镜

显微镜是由一个透镜或几个透镜的组合构成的一种光学仪器，是人类进入原子时代的标志。它主要用于放大微小物体成为人的肉眼所能看到的仪器。显微镜分光学显微镜和电子显微镜。现在的光学显微镜可把物体放大 1600 倍，分辨的最小极限达 0.1 微米。

不过，施莱登和施旺都没有正确地提出新细胞是如何从老细胞中分化出来，即新细胞如何形成的问题。这一点由植物学家冯·莫尔耐格里以及动物学家克里克尔等人补充，他们指出，在生长期间细胞自身进行复制，一个母细胞产生两个子细胞。这个过程称之为细胞分裂。

细胞是怎样分裂的？它的发现得益于生物试验手段的发展。19 世纪科学技术的发展不断地推动着细胞学的发展，一些科学家改善了显微镜的光透系统，使它的分辨率和放大倍数大大提高了。这时化学家也加入到细胞学研究的队伍，采用无机染料用于显微镜观察样品的制作，而且还研制出了天然的和人工合成的有机染色剂，如苯胺染色剂就是当时发现的。同时，显微镜样品的切片已经能制作得很薄了。所有这些技术都为细胞学的研究开拓了许多新的领域。

1831 年，科学家布朗发现，细胞里有一个较为致密的小球，布朗给它起名为细胞核。

以后大部分细胞学的研究学者都致力于细胞核结构的研究。如：

1879 年，德国生物学家弗莱明发现，用某些红色染料对细胞核内散布着的微粒状物质即染色体进行染色并观察，能成功地看到细胞分裂的过程，即细胞"有丝分裂"的过程。

1888 年，德国解剖学家沃尔德耶从染色细胞中观察到，每种植物的细胞里都有特定数目的染色体，在细胞进行有丝分裂之前，染色体的数目先增加 1 倍，使分裂之后的子细胞里染色体的数目和原来的母细胞一样多。

1885 年，比利时胚胎学家贝内当发现，当卵细胞和精子细胞形成时，染色体数目并不加倍，每个卵细胞和每个精子细胞的染色体数目只有机体一般细胞的一半。因此，形成精子细胞和卵细胞的分裂被称为"减数分裂"。当精子和卵子结合后，形成的受精卵就有一整套染色体，一半来自卵细胞，一半来自精子细胞。这一发现，把遗传学引入了细胞水平，又把生物学进一步地引入到分子水平。

以上细胞学的重大研究和发现差不多都是在二三十年中完成的。可以说在当时，细胞核和染色体就成了细胞学和遗传学的"明星"了。

从 1883 年起，班尼登、拉伯尔等许多学者都发现细胞核里的染色体在所有的生物中都非常稳定，它有异乎寻常的完整性和连续性。尽管在不同的生物中染色体数目是不同的，但是同一种生物里的染色体数目在各种组织细胞里则完全是一样的。例如白菜的所有个体的染色体数都是 20 个，果蝇的则是 8 个，这些都是相当恒定的数据。他们还惊奇地发现，无论在细胞分裂（有丝分裂和减数分裂）过程中细

你知道吗

有丝分裂

有丝分裂，特点是有纺锤体出现，染色体被平均分配到子细胞，这种分裂方式普遍见于高等动植物，是真核细胞分裂产生体细胞的方式。

胞发生了多么巨大的变化，子代细胞的染色体数总是与亲代的一样。

许多细胞学家还发现，虽然卵子和精子在形态上迥然不同，大小悬殊，但是它们的细胞核却大致相同。受精的过程实质上是两个相等的核的融合。

于是，细胞学家自然而然地推想遗传物质主要存在于细胞核和染色体里。

◎ 细胞的结构

生命开始于细胞，生命活动只有在细胞中才能进行。生命宝盒的开启，使人们认识到小小的细胞如同人类社会一样，是一个奇妙的大千世界，是由膜包裹着的生物大分子体系的精细结构。

从整体上看，细胞分原核细胞和真核细胞两大类。从原生动物到人类，从低等植物到高等植物，绝大多数动、植物都是由真核细胞构成的。真核细胞里具有真正的细胞核。细菌、蓝藻属于原核细胞，它们的结构简单，种类不一。原核细胞的外部由细胞膜包围着，内部脱氧核糖核酸（DNA）的区域没有被膜包围，只有一条DNA。这就是说，它没有一个像样的细胞核，原核细胞因此而得名。

在先进的高倍显微镜下，可以清晰地观察到真核细胞的内部结构。植物细胞的外面有细胞壁，细胞与细胞之间有一层胶状物，把两个细胞壁紧紧地黏合在一起；在相邻两个细胞之间的壁上有胞间连丝，使细胞之间彼此互通；细胞有细胞质和细胞核，细胞质内有线粒体、质体、内质网、高尔基体和液泡等内含物，还有丝状和管状结构；细胞核有核膜，使核与细胞质分开，还有染色质和核仁；细胞的表面由一层质膜包裹，控制着细胞内外物质的运输。

基本小知识

质 体

质体是植物细胞中由双层膜包围的具有光合作用和贮藏功能的细胞器。根据所含色素和功能的不同，质体可分为白色体和有色体。

细胞表面的那层质膜叫细胞膜，又称质膜。细胞膜是一个有序的、动态的、开放的、具有选择性和渗透性的结构，它不仅是生命结构与非生命结构的边界，也是细胞内许多独立结构的边界。在显微镜下，细胞膜的结构变化多端，有的向内折叠成手指状，有的向外凹陷形成月牙状。植物细胞的

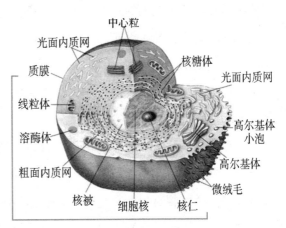

细胞核

细胞膜外还有细胞壁，其主要成分是纤维素，具有支持和保护植物细胞的功能。

细胞的中枢是细胞核，它是遗传物质储存、复制和转录的场所。细胞核包括核膜、染色质和核仁等部分。核膜是包在核外的双层膜，外膜可延伸与细胞质中的内质网相连。一些蛋白质和 RNA 分子可通过核膜或核膜上的核孔进入或输出细胞核。染色质是细胞核中由 DNA 和蛋白质组成并可被苏木精等染料染色的物质，染色质 DNA 含有大量的基因片段，是生命的遗传物质，因此细胞核是细胞的控制中心。核仁是细胞核中的颗粒状结构，富含蛋白质和 RNA。核仁是核糖体的装配场所。在细胞核中，染色质和核仁都被液态的核质所包围。

细胞质是细胞膜内的透明、黏稠并可流动的物质，各种各

拓展阅读

染色质

染色质是细胞间期细胞核内能被碱性染料染色的物质。染色质的基本化学成分为脱氧核糖核酸核蛋白，它是由 DNA、组蛋白、非组蛋白和少量 RNA 组成的。

样的细胞器就分布在细胞质中。细胞器主要包括线粒体、内质网、高尔基体、溶酶体、质体等，其中线粒体和质体是较大的细胞器。另外，细胞质中还有由微管、肌动蛋白和中间丝构成的细胞骨架。有些细胞表面还有鞭毛和纤毛，可帮助细胞自主运动。这些细胞器相互关联，相互补充，协同作用，共同执行生命功能。

线粒体是一种由内膜和外膜包裹的囊状结构，囊内是液态的基质。线粒体外膜平整，内膜向内折入形成一些嵴，增加了内膜的表面积。内膜表面上有 ATP（三磷酸腺苷）酶复合体。线粒体是细胞呼吸和能量代谢中心，细胞呼吸中的电子传递过程及 ATP（三磷酸腺苷）的合成就发生在线粒体内膜的表面。此外，线粒体基质中还含有 DNA 分子和核糖体。细胞内线粒体的数量、大小和嵴的多少都随细胞的能量需求而有所变化，一个细胞内可以存在零到几十万个线粒体。

知识小链接

线粒体

线粒体由两层膜包被，外膜平滑，内膜向内折叠形成嵴，两层膜之间有腔，线粒体中央是基质。基质内含有与三羧酸循环所需的全部酶类，内膜上具有呼吸链酶系及 ATP 酶复合体。线粒体能为细胞的生命活动提供场所，是细胞内氧化磷酸化和形成 ATP 的主要场所。另外，线粒体有自身的 DNA 和遗传体系，但线粒体基因组的基因数量有限，因此，线粒体只是一种半自主性的细胞器。

内质网是以脂类双分子层为基础形成的囊腔和管道系统，有光面内质网和糙面内质网之分。光面内质网多是呈网状分布的小管，在一定部位与粗面内质网相连接，参与脂类、磷脂胆固醇、糖原的合成与分解；粗面内质网膜常分布于细胞核周围，呈同心圆状排列，其上附有颗粒状的核糖体（核糖体是细胞合成蛋白质的场所），并参与蛋白质的合成与运输。

高尔基体是由一些聚集的扁平囊、大泡和小泡 3 种结构组成的，位于细胞核附近，它是意大利医生高尔基在神经细胞内发现的。高尔基体是细胞分泌物的加工和包装场所，能够加工、浓缩和运输蛋白质，并能合成糖类物质。在高尔基体中，糖能够和蛋白质结合形成各种糖蛋白。另外，高尔基体还与植物分裂时的新细胞壁和细胞膜的形成有关。

溶酶体是一种单层膜小泡，内含多种水解酶。溶酶体可催化各种生物大分子的分解，消化细胞碎渣和从外界吞入的颗粒，其标志酶是酸性磷酸酶。溶酶体是由高尔基体扁平囊的边缘膨大而断裂脱落下来的泡状结构产生的。

质体是植物细胞的细胞器，包括白色体和有色体。白色体含有淀粉、油类或蛋白质，有色体含有各种色素。叶绿体是最重要的有色体，是植物光合作用的细胞器。叶绿体也有两层膜，内部是一些扁平囊组成的膜系统，这些扁平的囊称为内囊体，它们有规则地叠放在一起形成基粒，植物光合作用的色素和电子传递系统位于内囊体的膜上，基粒之间通过基质内囊体彼此相连通。叶绿体也含有环状的 DNA 和核糖体。

各类细胞器的膜（如内质网膜、内囊体膜等）、核膜和质膜在分子结构上基本相同，它们统称为生物膜。大多数生物膜的厚度只有 7 ~ 8 纳米，主要是由磷脂类组成的双分子层，脂双层中还以各种方式镶嵌着具有重要功能的蛋白质分子，如受体。脂双层中的磷脂分子亲水的"头"（磷酸的一端）向着外侧，磷脂分子疏水的"尾"（脂肪酸的一端）向着内侧。随着脂双层中脂类分子和蛋白质分子可以横向移动的发现，生物学家桑格在 1972 年提出了生物膜的流动镶嵌模型。

趣味点击　　糖蛋白

糖蛋白是分支的寡糖链与多肽链共价相连所构成的复合糖，主链较短，在大多数情况下，糖的含量小于蛋白质。同时，糖蛋白还是一种结合蛋白质，糖蛋白是由短的寡糖链与蛋白质共价相连构成的分子。

生物膜是支持细胞正常生命活动的最基本的结构，它使各个细胞器组成生命活动的统一体。内质网是合成膜的主要部位，大多数磷脂和胆固醇都是在此合成，许多膜蛋白也在这里合成。它们通过内质网表面时，将内质网膜包裹在自己身上，然后像乘车旅行那样，到达高尔基体，并成了高尔基体的一部分。在高尔基体内，蛋白质进行再加工后，或到溶酶体内或被运输到质膜与其他结构中。这样，通过膜的流动就实现了物质的运输、更新，膜也随之不断得到再生。

生命起源于细胞，在漫长的生命演化过程中，为适应不同需要出现了各种各样的细胞。如传导冲动的神经细胞、携带氧气的红细胞、提供能量的肌肉细胞、吞噬病菌的白细胞等。细胞直径一般为 10～30 微米，但体积大的细胞，人的肉眼就可以看见，如鸟类的蛋最大的直径达 10 厘米的直径；最小的细胞直径不到 1 微米，如支原体的直径只有 0.1～0.3 微米。细胞的大小，即使在同一生命体的相同组织中也不一样。同一个细胞在不同发育阶段，它的大小也会改变。

白细胞

白细胞是血液中的一类细胞。白细胞也通常被称为免疫细胞。人体和动物血液及组织中的无色细胞，有细胞核，能做变形运动。白细胞一般有活跃的移动能力，它们可以从血管内迁移到血管外，或从血管外组织迁移到血管内。因此，白细胞除存在于血液和淋巴中外，也广泛存在于血管、淋巴管以外的组织中。

细胞的形状多种多样，有球体、多面体、纺锤体和柱状体等。由于细胞内在的结构和自身表面张力以及外部的机械压力，各种细胞总是保持自己的一定形状。细胞的形状和功能之间有密切关系。例如，神经细胞会伸展几米，这是因为伸长的神经细胞有利于传导外界的刺激信息；高大的树木之所以能郁郁葱葱，是因为植物内的导管、筛管细胞是管状的，有利于水分和营养的运输。

◎ 细胞的化学成分

细胞中的化学成分是极其复杂和繁多的，需要利用现代生物化学知识和技术进行分析研究。而正是这些复杂、繁多的化学成分，构成了生命存在和新陈代谢的物质基础。

进入 20 世纪，人类对生命的认识迅速发展。1953 年遗传物质 DNA 双螺旋结构的发现，开创了从分子水平研究生命活动的新纪元。此后，中心法则的确立、遗传密码的相继破译、蛋白质的人工合成等一系列重大研究成果表明，核酸（DNA 与 RNA）和蛋白质是生命的最基本物质，蛋白质是一切生命活动的主要承担者，生命活动在酶的催化作用下进行，几乎所有酶的化学本质是蛋白质。从而揭示了核酸、蛋白质等生命大分子的结构、功能和相互关系，为研究生命现象的本质和活动规律奠定了理论基础。

基本小知识

蛋白质

蛋白质是生命的物质基础，没有蛋白质就没有生命。因此，它是与生命及与各种形式的生命活动紧密联系在一起的物质。机体中的每一个细胞和所有重要组成部分都有蛋白质参与。人体内蛋白质的种类很多，性质、功能各异，但都是由 20 多种氨基酸按不同比例组合而成的，并在体内不断进行代谢。

核酸——生命的本源物质

核酸是细胞的核心物质，是细胞里最重要的生命大分子之一。核酸呈酸性，最初是从细胞核中发现的，所以称为核酸。地球上的所有生命体中都含有核酸，它是支配生命从诞生到死亡的根源物质，主宰着细胞的新陈代谢，储存着生命的全部遗传信息。因此，核酸被现代科学家誉为生命之本。根据核酸中所含戊糖的不同，可将核酸分成脱氧核糖核酸（DNA）和核糖核酸（RNA）两类，它们都是由许多顺序排列的核苷酸组成的大分子。每一个核苷酸含有一个戊糖（核糖或脱氧核糖）分子、一个磷酸分子和一个含氮的有机碱（碱基）。这些有机碱分为两类，一类是嘌呤，是双环分子；一类是嘧啶，是单环分子。嘌呤包括腺嘌呤（A）和鸟嘌呤（G）2种；嘧啶有胸腺嘧啶（T）、胞嘧啶（C）和尿嘧啶（U）3种。DNA的碱基是A、T、C、C，RNA的碱基是A、U、G、C。脱氧核糖或核糖上第一位碳原子与嘌呤或嘧啶结合，就成为脱氧核苷或核苷，第三位或第五位碳原子再与磷酸结合，就成为脱氧核糖核苷酸或核糖核苷酸。多个核糖核苷酸以磷酸顺序相连成长链的多核苷酸分子，就成了核酸的基本结构。

根据DNA晶体X射线衍射的结果分析，沃森和克里克划时代地提出了DNA双螺旋结构模型。DNA分子是由两条反向平行的多核苷酸长链组成的双螺旋链，链的主体是糖基和磷酸基，以磷酸二酯键相连接而成，与糖基以糖苷键相连的嘌呤、嘧啶碱基位于螺旋中间，碱基平面与螺旋轴相垂直，两条链的对应碱基之间，呈A与T、G与C的配对关系。

知识小链接

碱 基

碱基指嘌呤和嘧啶的衍生物，是核酸、核苷、核苷酸的成分。核酸中也有一些含量很少的稀有碱基。稀有碱基的结构多种多样，多半是主要碱基的甲基衍生物。

在双螺旋结构的基础上，DNA大分子进一步折叠、盘旋，可以形成染色质和染色体。在真核细胞中，每一个染色体就含有一个DNA双链分子。通过DNA分子复制，可以将遗传信息准确地由上代传递至下代。在某些病毒中，

DNA 也可以是单链的结构，但在质粒中 DNA 是环状的。

DNA 双螺旋结构中，A 与 T 配对形成 2 个氢键，G 与 C 配对形成 3 个氢键，因此，DNA 分子非常稳定。但在加热等物理、化学条件下，稳定的核酸大分子高级结构的非共价键也会被破坏，导致 DNA 双螺旋被拆开，成为 2 条单链，这就是核酸分子的变性。在变性因素除去后，DNA 分子可以慢慢恢复双螺旋结构，称为复性，在复性过程中碱基仍然会严格配对。

与 DNA 分子显著不同的是，RNA 分子是单链。细胞内的 RNA 大分子主要有 3 种类型：①信使 RNA（mRNA），负责把 DNA 分子中的遗传信息转译为蛋白质分子中的氨基酸序列；②转运 RNA（tRNA），在蛋白质合成过程中起着搬运单个氨基酸的作用；③核糖体 RNA（rRNA），它与蛋白质组成核糖体以提供蛋白质的合成场所。3

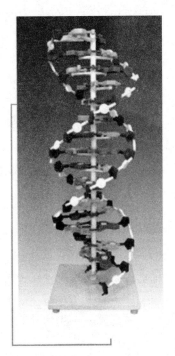

DNA 双螺旋结构模型

种 RNA 互相配合，共同完成把 DNA 分子中的遗传信息表达为一定的蛋白质结构。

你知道吗

催 化

　　催化指通过催化剂改变反应物的活化能，改变反应物的化学反应速率，反应前后催化剂的量和质均不发生改变的反应。

RNA 通常只有一条多核苷酸链，但单链的局部区域可能形成配对结构，如 tRNA 分子中出现 3 个主要的配对区段，形成"三叶草"型结构。tRNA 分子还能再进一步扭转、折叠，形成一个类似倒写的大写"L"字母的样子。除某些 RNA 病毒是以 RNA 为模板合成 RNA 外，生命体内的 RNA 一般都是以 DNA 为模板合成的。科学研究表明，RNA 还有像酶一样的催化作用。

一直以来，人们都认为 DNA 是演绎生命的重要角色，而 RNA 只是前者的配角，作用不那么大。然而事实并非如此，近年的众多发现都表明，一些长度较短的所谓小核糖核酸，能够对细胞和基因的很多行为进行控制，比如打开、关闭多种基因，删除掉一些不需要的 DNA 片段等。其中最令人兴奋的发现是，小核糖核酸在细胞分裂过程中也能发挥重要的控制作用，可指导染色体中的物质形成正确的结构。

在人们发现核酸以前，曾认为蛋白质是生命的基础。后来才知道，核酸控制着蛋白质的合成，决定着蛋白质的性质。100 多年来，全世界已有 69 位科学家因从事核酸及其相关研究而荣获诺贝尔奖，他们的研究成果更加充分地表明，核酸是创造生命并支配生命体从诞生到死亡的本源物质。

蛋白质——生命功能的执行者

蛋白质在生物界是普遍存在的，是生命体的重要结构成分和营养成分。所有生命现象都与蛋白质有着直接或间接的关系，即使像病毒、类病毒那样以核酸为主体的生物，也必在其寄生的活细胞蛋白的作用下才有生命现象。可以说，正是在蛋白质和核酸两者的互相依赖、互相作用下，使生命成为一个统一体。

蛋白质是一类种类繁多的含氮生物高分子，其基本组成单位是氨基酸。构成蛋白质的氨基酸有 20 种，其中

趣味点击　　胰岛素

胰岛素是由胰岛 B 细胞受内源性或外源性物质如葡萄糖、乳糖、核糖、精氨酸、胰高血糖素等的刺激而分泌的一种蛋白质激素。胰岛素是机体内唯一降低血糖的激素，同时促进糖原、脂肪、蛋白质合成。外源性胰岛素主要用来治疗糖尿病，注射胰岛素不会有成瘾和依赖性。

有 8 种是人体内无法合成的，需要从食物中摄取。蛋白质可以分为 2 大类：①简单蛋白质，它们的分子只由氨基酸组成，如胰岛素等。②结合蛋白质，它们的分子由氨基酸和非蛋白质部分组成，结构相当复杂，如血红蛋白、核蛋白等。

作为组成蛋白质的基本单位，氨基酸的共同特点在于，在与羧基相连的碳原子上都有一个氨基和一个 R 基。不同氨基酸其 R 基各不相同。一个氨基酸的 α 氨基与另一个氨基酸的 α 羧基脱水缩合，形成肽键并生成二肽化合物。不同数目的氨基酸以肽键顺序相连形成多肽链，多肽链形成蛋白质分子。组成蛋白质的 20 种氨基酸在肽链中的不同排列顺序产生了不同的蛋白质分子。在生物界，蛋白质的种类是一个天文数字。由于不同生命体细胞内存在着不同的蛋白质，所以生命体能显示出不同的性状。

蛋白质分子具有复杂的结构，一级结构就是指上面所说的多肽链的氨基酸顺序；二级结构是指多肽链借助氢键排列成沿一定方向的周期性结构，如 α 螺旋、β 折叠等；三级结构指的是多肽链借助各种非共价键，盘绕成具有特定肽链走向的紧密球状结构；2 条以上肽链组成的蛋白质，在每条肽链的三维结构基础上，互相结合形成的复杂的空间结构，就是四级结构。每一种天然蛋白质都有自己特有的空间结构，这种空间结构通常称为蛋白质的构象。蛋白质活性与蛋白质结构密切相关。蛋白质空间结构的改变会使其失去活性，但当其恢复天然构象后，活性也会随之恢复。

作为生命功能最忠实的执行者，蛋白质在生命体的生命活动中，起着举足轻重的作用。蛋白质是有机体的结构成分，生物的遗传性状都与蛋白质有关。各种生物化学反应中起催化作用的酶主要是蛋白质（RNA 也有催化作用），它们参与基因表达和代谢的调节以及各种生物化学反应。胰岛素、胸腺激素等重要激素也是蛋白质。细胞中的电子传递、神经传递乃至高等的学习、记忆等多种生命活动过程都离不开蛋白质。另外，贮藏氨基酸、运输氧气、进行免疫反应等也是蛋白质的生命功能。

酶——生命活动的催化剂

酶是生命体内重要的催化活性物质，在细胞内作为各式各样化学反应（如合成、分解、氧化、还原等）的催化剂。随着研究的深入，人们已相继弄清了溶菌酶、羧肽酶等一些重要酶类的结构与作用机理，同时对酶在代谢中的地位、酶的种类、酶的特性等问题也进行了大量工作。

基本小知识

溶菌酶

溶菌酶又称胞壁质酶或 N－乙酰胞壁质聚糖水解酶，是一种能水解致病菌中黏多糖的碱性酶，主要通过破坏细胞壁中的 N－乙酰胞壁酸和 N－乙酰氨基葡糖之间的 $\beta-1,4$ 糖苷键，使细胞壁不溶性黏多糖分解成可溶性糖肽，导致细胞壁破裂，内容物逸出而使细菌溶解。溶菌酶还可与带负电荷的病毒蛋白直接结合，与 DNA、RNA、脱辅基蛋白形成复盐，使病毒失活，因此该酶具有抗菌、消炎、抗病毒等作用。

绝大多数的酶是蛋白质，有的由一条肽链构成，有的由多条肽链构成。酶的活性与它的空间结构有关，在冷、热、酸、碱、重金属等因素影响下，会因构象改变而失活——失去了蛋白质的活性。但也有些酶能够在 0℃ 或 100℃ 的环境中工作，有的耐酸，有的耐碱，这都与它们的内部结构相关。

生命活动在代谢中体现，而几乎所有的代谢过程都涉及酶的催化作用。一旦某些酶失活，便会导致体内某些活动的停滞，轻则会引起生命体某些功能上的失调，重则会有生命危险。不论任何复杂的反应，酶都可以在生命体所处的常温、常压及近乎中性的环境下产生作用。而且酶的参与不会改变反应的性质，反应结束时其本身也不被消耗。

酶作为生命体内的一种特殊的催化剂，还具有自己的很多特性：①酶的催化效率较高，可使化学反应的速度提高 10^{10} 倍；②具有高度专一性，即一种酶只能作用于某一种或某一类特定物质；③容易变性失活，酶促反应一般都要求比较温和的反应条件；④可以调节控制酶活力；⑤酶的催化活力与辅酶、辅基、金属离子有关，若将它们去掉，酶就失去活性。

脂肪酸也是生命体的重要能源，由其组成的甘油三酯大量贮藏在动物的脂肪组织和植物的种子或果实中。脂肪被氧化后放出的能量相当高，因此在生命体中它成为贮藏能量的重要形式。脂类代谢的中间产物可以转变成维生素 A、维生素 E、维生素 K 及植物次生物质，如橡胶、桉树油等。人类的一些疾病如动脉粥样硬化、脂肪肝、苯丙酮尿症等都与脂类代谢紊乱有关。

知识小链接

脂肪酸

脂肪酸是指一端含有一个羧基的长的脂肪族碳氢链，是有机物，低级的脂肪酸是无色液体，有刺激性气味，高级的脂肪酸是蜡状固体，无明显的气味。脂肪酸是最简单的一种脂，它是许多更复杂的脂的组成成分。脂肪酸在有充足氧供给的情况下，可氧化分解为 CO_2 和 H_2O，释放大量能量，因此脂肪酸是机体主要能量来源之一。

生命体是一个开放的体系，它不断地与外界进行物质与能量的交换，不断地在体内进行物质与能量的代谢，生命体内的任何一种物质都是在新陈代谢中生成和分解的。这些代谢活动是由复杂的多分子体系来完成的，而这些体系本身也在不停地进行运动和更新。代谢就是指发生在生命体内全部的化学物质和能量的转化过程。

生命体是一个能量平衡体系，它从环境中取得物质和能量，用以构建自身的结构，维持生命活动，同时不断地分解、更新已有的成分，加以再利用，并将不被利用的代谢产物排出体外。生命的初级能量主要来自光合作用，植物的光合作用可以说是生命存在的基础。糖类、脂类、蛋白质、核酸都在代谢中不断更新，互相转化，最后转变成为非生命的物质。在物质代谢之中，物质在转化，能量在流动，信息在传递，生命因而能绵延不息。

◎ 细胞的分裂

细胞分裂是生物进行繁殖的基础。生物的繁殖从本质上看也就是细胞的繁殖。地球上一切生物，不管是从变形虫到人，还是从单胞藻到参天大树，细胞的繁殖都是通过分裂来实现的。在繁殖过程中，细胞数目按几何级数增加：2，4，8，16，32……也就是说构成了 2^1，2^2，2^3，2^4……2^n 这样的数列。

一个细胞要实现它的分裂，必须准备两套主要成分，然后才能分成两个具有相同成分的细胞。细胞及其主要内含物的均等分裂，是保证生物世代之间遗传上相似性的必不可少的条件。在无性繁殖情况下，子代细胞直接来自母体细胞，故与母体细胞完全相似，无性繁殖的生物能很好地保持母体的遗传特性，道理也就在这里。假如子代细胞的主要内含物只是亲代的一半或一部分，那么子代和亲代就不会完全相似而只是部分地相似了，在有性繁殖时就会出现这样的情况。比如，苹果树一般是用枝条或芽子嫁接繁殖的，这些枝条或芽子是母体的一部分，它们的细胞继续分裂和分化，长成新的苹果树，结的果实无论是大小、形状、颜色、味道都和母体上结的果实一样，但是如果你要用种子来繁殖，就会得到迥然不同的结果，用青香蕉苹果的种子长出来的绝不会是原来的青香蕉苹果，也就是说可能出现各种变异和"分离"。

下面我们分别讨论体细胞的分裂和性细胞的分裂两种情况。

有丝分裂

生物中普遍存在的细胞分裂方式是有丝分裂，因在分裂过程中有纺锤丝形成而得名。有丝分裂的结果，一个母细胞形成两个子细胞，从染色体数目来看，两个子细胞所含的染色体数目完全相等，子细胞的染色体数目与母细胞染色体的数目也完全相等，所以有丝分裂也叫"等数分裂"。体细胞的分裂都是等数分裂。比如人体细胞染色体在分裂前期是 46 条，到末期分裂结束时两个子细胞的染色体也都是 46 条。一个人由婴儿长成大人，一棵植物由幼苗长成更大的植株，主要就是靠细胞的等数分裂和增长来实现的。

等数分裂大致由两个过程组成，即细胞核的分裂和细胞质的分裂。

核分裂：在核分裂过程中主要是染色体发生一系列的周期性变化，最后被分配到核的两极。这个过程可以细分为 5 个顺序阶段：

间期——也叫"休止期"，就是细胞连续两次分裂之间的一段时间。这个时候细胞核处于"均质"状态，看不到染色体，只能见到细的网状的染色质。但在这段时间内细胞核并未"休息"，它在为下一次分裂养精蓄锐，进行充分的准备工作。一般认为遗传物质 DNA 就是在这段时间合成（复制）的。核分裂间期最长，有些生物长达 10 小时，而分裂期总共只有 2 小时左右。

前期——这时网状的染色质逐渐变成可见的线状染色体。它们在核内虽然随机分布，但每个染色体都具有成双的性质，说明在间期染色体已经加倍了。以后每个染色体形成两个"子染色体"，但并不分开，着丝点仍然连结在一起。此期内染色体由于子染色体的螺旋化，变得又粗又短，并开始离心移动，同时核仁逐渐消失，核膜也随后崩解。

广角镜

纺锤体

纺锤体是产生于细胞分裂前初期到末期的一个特殊细胞器。其主要元件包括微管，附着微管的动力分子马达，以及一系列复杂的超分子结构。一般来讲，在动物细胞中，中心体也是纺锤体的一部分。植物细胞的纺锤体不含中心体。而真菌细胞的纺锤体含纺锤极体，一般被视为中心体的同源细胞器。

中期——中期特征是染色体随机排列在赤道板上。所谓细胞的赤道板，就是相当于地球赤道面的位置。这时能够清楚地分辨出染色体的形态和数目。中期的另一特征是纺锤体完全形成，纺锤丝的一端连接在染色体的着丝点上，另一端集中于细胞的两极。

后期——由于纺锤丝的收缩，染色体的着丝点分离，姐妹染色单体（两个子染色体）分别被拉向两极。

末期——子染色体到达两极后，又由粗变细，螺旋逐渐消失，呈现网状结构。这时核膜重新形成，核仁出现，由原来的一个细胞核形成两个细胞核。

细胞质分裂在核分裂的末期，细胞开始对称分裂和分开，这个过程称为细胞质的分裂。此时两个子细胞之间形成细胞隔板。细胞质的分裂最终导致两个子细胞的形成。

减数分裂

生物在生长发育的绝大部分时间都是在进行体细胞的分裂和生长，细胞的分裂导致数目的增多，细胞的生长导致体积的增大。这就是我们在外表上所看到的生物的生长发育现象。但生物体生长发育到一定阶段，生物的某些体细胞会发生质变，分化为性细胞。体细胞和性细胞之间的桥梁是"性母细胞"（包括"精母细胞"和"卵母细胞"），它由体细胞分化而来，并进一步分化为性细胞（精子和卵子）。

与产生体细胞的等数分裂比较起来，产生性细胞的减数分裂要复杂得多。因为性细胞比形成它们的性母细胞染色体数减少了一半，所以叫减数分裂。比如，人的性母细胞染色体是46条（与体细胞一样），而性细胞（精子和卵子）的染色体却只有23条，刚好是性母细胞的一半。玉米体细胞的染色体为20条，精子和卵子的染色体都只有10条。减数分裂在动、植物通过生长发

拓展阅读

赤道板

赤道板亦称核板（是人们假想出来的）。细胞有丝分裂中期，着丝粒准确地排列在纺锤体的赤道平面上，因此叫赤道板。配对的同源染色体（二价体）排列于赤道面中，形成赤道板。

育达到"生儿育女"阶段时才会出现。它是"性成熟"后的产物，所以也叫"成熟分裂"。

不论是动、植物，还是人类，体细胞的染色体数在正常情况下永远是双数，决不成单存在。大小和形状上完全相似、成双成对的染色体叫"同源染色体"或"相对染色体"。两个同源染色体一个来自父方，一个来自母方。

正常的减数分裂过程可分为两个分裂阶段，而每一个阶段又可划分为 4个时期：

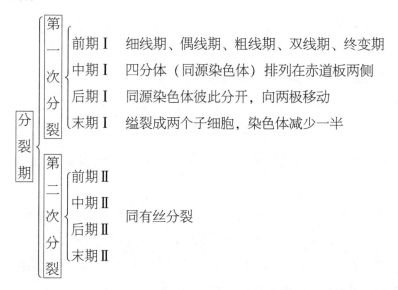

分裂期

第一次分裂
前期Ⅰ　细线期、偶线期、粗线期、双线期、终变期
中期Ⅰ　四分体（同源染色体）排列在赤道板两侧
后期Ⅰ　同源染色体彼此分开，向两极移动
末期Ⅰ　缢裂成两个子细胞，染色体减少一半

第二次分裂
前期Ⅱ
中期Ⅱ
后期Ⅱ　　同有丝分裂
末期Ⅱ

细线期——性母细胞最后一次有丝分裂末期结束后，便进入减数分裂第一次分裂前期的细线期。这期间染色体很细，交织成网状。以后染色体逐渐明显起来，染色体的数目与体细胞染色体的数目是相同的。在电子显微镜下可以看到染色体由两条姐妹染色单体构成。

偶线期——此期的特点是两个同源染色体相互吸引，纵向靠近，先从顶端开始，逐渐扩展到整个染色体，这种现象称为"联会"或"配对"。配对具有惊人的准确性。这种奇特的现象在等数分裂中是看不到的，等数分裂的这一时期，同源染色体不发生联会。

基本小知识

减数分裂

减数分裂是生物细胞中染色体数目减半的分裂方式。性细胞分裂时，染色体只复制一次，细胞连续分裂两次，染色体数目减半。减数分裂不仅是保证物种染色体数目稳定的机制，同且也是物种适应环境变化不断进化的机制。

粗线期——染色体进一步变粗。每对同源染色体共有 4 条染色单体，但着丝点只有两个，习惯上把它们叫"四分体"或"二价体"。此期的一个重要特点是非姐妹染色单体间会发生节段的"交换"。

双线期——同源染色体两个成员之间互相排斥，彼此逐渐分离，但由于发生交换的地方还连在一起，因此常常出现"交叉"现象。染色体发生交换和交叉，表明同源染色体之间发生了遗传物质的交换，是后代产生变异的根源之一。

终变期——染色体进一步变短、增粗，轮廓更为分明。由于染色体的强烈收缩，交叉消失，每个二价体之间明显分开。这时也是计算染色体数目最适宜的时期。随着染色体浓缩过程的进行，核仁与核膜先后消失，染色体排列到赤道板上，前期 I 结束，进入细胞分裂中期。

中期 I——此时出现纺锤体，所有二价体都排列在赤道板上。细胞核体积达到最大。每对同源染色体的着丝点分别向着相对的一极。

后期 I——每对同源染色体的两个成员分别向两极移动。每个染色体的两个染色单体仍然由共同的着丝点连在一起。由于同源染色体的分开，使得后来形成的子细胞中染色体数目减少了一半，而且每对同源染色体中的任何一个成员分到两极的机会是一样的。了解这一点非常重要，这是我们后面要讲的孟德尔自由组合定律的细胞学基础。

末期 I——核膜形成，同源染色体的两个成员分别进入两个核中，这时形成的两个子核中染色体的数目只有分裂前的一半。

间期——这个间期很短，与等数分裂不同。染色体也不消失，很快就进入第二次分裂。

前期Ⅱ——与前期Ⅰ大不相同，子核中的两个染色单体虽然着丝点连在一起，但是染色单体之间发生明显的排斥。

中期Ⅱ——每个子核中的染色体排列在赤道板上，其数目只有性母细胞（体细胞）的一半，纺锤体逐渐形成。

后期Ⅱ——着丝点分开，两个姐妹染色单体彼此移向两极。

末期Ⅱ——染色单体成为染色体，到两极后被新的核膜包围。第一次分裂形成的2个子核现在变为4个。减数分裂全过程至此结束。

由上可见，减数分裂实际上是由两次分裂构成的。在这个过程中细胞核连续分裂两次，而染色体只减数一次。第一次分裂时染色体是减数的，第二次分裂时是等数的。两次分裂中间的间隔时间很短，分裂的结果是一个性母细胞变成了4个子细胞，4个子细胞中染色体数是母细胞的一半。此外，减数分裂过程中还包含了同源染色体的物质交换和分离。

减数分裂在遗传上对有性繁殖的生物非常重要。首先，减数分裂产生的子细胞（性细胞）染色体具有单倍性。雌、雄性细胞结合为受精卵之后，其染色体数又由单倍性变为二倍性，这样子代和亲代仍然具有相同的染色体数，这就保证了世代之间染色体数目的恒定性，而这种恒定性正是保证物种相对稳定的重要原因。

其次，在减数分裂过程中同源染色体的非姐妹染色单体间可以发生染色体节段的交换，染色体节段的交换必然导致遗传物质的交换；同源染色体的两个成员在后期Ⅰ分向两极是随机的，这样就会出现染色体的各种组合情况，使得新产生的子细胞在染色体组成方面出现各种差异。遗传物质的交换和染色体的自由组合最终导致了后代个体的变异，是自然界物种变异的重要原因。

从上面的介绍中，不难看到，不论是等数分裂还是减数分裂，都与细胞核中染色体的行为分不开。染色体直接关系到生物的遗传变异，不愧是遗传学中的主角。

染色体

早在 1883 年，鲁克斯就观察到细胞核内能被染色的丝状体。1888 年，德国人沃尔德耶称这种丝状体为"染色体"，意即可染色的小体，并猜测染色体与遗传有关。1902 年，鲍维里和瑟顿不约而同地提出了生命遗传的染色体假说。

鲍维里对海胆进行的实验很有说服力。他的实验是这样做的：用许多精子加在海胆卵子上，由此引起双重受精，即有两个精子进入了一个卵子。这样，这个受精卵的染色体就含有 3 个单倍体。于是，出现了多级的有丝分裂，由此，可以形成 3 个或 4 个子细胞。如果用缺钙的海水来处理这些分裂细胞，它们都会分开。然后再把它们分别培养，结果发现它们或者死亡，或者在发育一个时期后，由于畸形而死亡，只有少数或个别的子细胞能进行正常的发育。鲍维里对这些死亡的、畸形发育或正常发育的个体进行细胞检查，结果表明，所有能够正常发育的子细胞都会造成细胞死亡或发育不全。这说明什么呢？这说明细胞中的各种染色体缺一不可。要使生物的个体发育的遗传性状健全地表现出来，全套染色体组的存在是先决条件。

1902 年，当时还是美国哥伦比亚大学的学生瑟顿，在观察蝗虫染色体减数分裂的行为时，清楚地意识到控制生物性状的基因的分离和自由组合与染色体在减数分裂的分离和自由组合是如影相随，完全一致的。因此，他大胆地认为：基因就在染色体上。

为什么这么说呢？这是因为，这两者的变化在细胞中是平行的：

（1）基因在个体的体细胞中是成对的，一个来自父本，一个来自母本，染色体也是这样。

（2）基因在配子里是不成对的，而是单个存在的，染色体也是这样。

（3）基因能够产生跟自己相似的基因，有遗传性，它在杂交时能保持独立性和完整性，染色体也是这样。

（4）染色体能复制出姐妹染色单体，染色体和基因在配子形成和受精时都保持独立性和完整性。

（5）基因在形成配子时自由组合，染色体也是这样。

减数分裂时，来自父亲和来自母亲的同源染色体是随机地移向两极，所以配子可能包含母本和父本染色体的任何组合状态。

当然，瑟顿仅仅是假设，而证实这一假设的是伟大的遗传学家摩尔根。摩尔根通过伴性遗传试验，证实了瑟顿的假设。

动物、植物和微生物中，包括人在内，他们的身体细胞中都有相当数目的染色体，一般有几对、几十对不等。

实际上染色体以 DNA—蛋白质的纤丝存在于间期核内。到了细胞分化期，染色体纤丝就会不断螺旋化，成为在显微镜下可见的染色体。对真核细胞染色体的成分进行化学分析后知道，其中 DNA 占 30% 左右，蛋白质占 60% ~ 70%，还有少量 RNA。

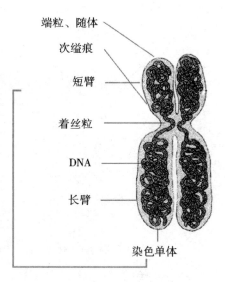

端粒、随体
次缢痕
短臂
着丝粒
DNA
长臂
染色单体

染色体结构图

现在已经知道，染色体最小的单位是核小体，核小体由 DNA 和组蛋白构成，是染色质（染色体）的基本结构单位。

由于 DNA 链是连续的，必须使许许多多的核小体成串，形成一条以 DNA 为骨架的染色体细丝。这样的细丝要经过 4 次螺旋化，最后成为显微镜下可见的染色单体。

一个典型的染色体从外形看，包括长臂、短臂、着丝粒等部分，有的还有次缢痕和随体。

染色体的形态以中期时最为典型。每条染色体由两条染色单体组成，中间狭窄处称为着丝点，又称主缢痕，它将染色体分为短臂和长臂。按着丝粒位置的不同，人类染色体可分为中着丝粒染色体、亚中着丝粒染色体和近端着丝粒染色体等 3 种类型。近端着丝粒染色体的短臂末端有一个叫随体的结构，它呈圆球形，中间以细丝与短臂相连。有的染色体长臂上还可看到另一些较小的狭窄区，称为次缢痕。染色体臂的末端存在着一种叫端粒的结构，它有保持染色体完整性的功能。

知识小链接

端 粒

端粒是线状染色体末端的一种特殊结构，在正常人体细胞中，可随着细胞分裂而逐渐缩短。它们决定人头发的直与曲，眼睛的蓝与黑，人的高与矮，甚至性格的暴躁和温和等。

染色体的超微结构显示染色体是由 DNA—组蛋白高度螺旋化的纤维所组成。每一条染色单体可看作一条双螺旋的 DNA 分子。有丝分裂间期时，DNA 解螺旋而形成无限伸展的细丝，此时不易被染料着色，光镜下呈无定形物质，称之为染色质。有丝分裂时 DNA 高度螺旋化而呈现特定的形态，此时易被碱性染料着色，称之为染色体。

染色体是遗传物质——基因的载体，控制人类形态、生理和生化等特征的结构基因呈直线排列在染色体上。由此可见，染色体和基因二者密切相关，染色体的任何改变必然导致基因的异常。

1953 年 4 月，《自然》杂志刊登了美国的沃森和英国的克里克在英国剑桥大学合作的研究成果：DNA 双螺旋结构的分子模型，被誉为 20 世纪以来生物学方面最伟大的发现。1956 年，美国科学家首次发现人的体细胞的染色体数目为 46 条，标志着人类细胞遗传学的建立。

各种生物都有一定的染色体数目。高等动、植物染色体的数目，一般是指体细胞内的染色体数目。用 $2n$ 表示同样的染色体有两套。

实际上，一般的染色体称常染色体，有两套，但和性别有关的染色体，即性染色体，在不同性别的细胞中是有所不同的。例如：人类女性除 22 对常染色体外，还有 1 对和性别有关的 X 染色体。而男人的染色体在体细胞中是 1 个 X 染色体和 1 个 Y 染色体。

性染色体决定雌、雄的类型，主要有 4 种：XY 型、XO 型、ZW 型和 ZO 型。

人的染色体类型属 XY 型，女人的性染色体为 XX，男人的性染色体为 XY。女人产的卵只有一种，即每个卵都含一个 X 染色体，而男人产的精子则有两种，一种含 X 染色体，一种含 Y 染色体。精了与卵受精结合，是发育成男性还是女性，完全取决于是哪种精子与卵受精，如果是含 X 染色体的精子与卵结合，则发育为女性，如果是含 Y 染色体的精子与卵结合，则发育为男性。所以子女的性别是男是女，决定者在父方，而不在母方。

▶ DNA

在遗传中，真正的遗传信息是储存在 DNA 中的。所以，科学家们用一句话概括了 DNA 的重要性：DNA 是生物的遗传物质。

DNA 的发现本身也是一个偶然事件。1869 年，一个年轻的瑞士研究生米歇尔在作博士论文，他要测定淋巴细胞蛋白质的组成。米歇尔为了获得更多的实验材料，便到附近的诊所去搜集废弃的伤员的绷带，想由此而分离出脓液来，其中含有很多的淋巴细胞。米歇尔用各种不同浓度的盐溶液来处理细胞，希望能使细胞壁破裂而细胞核仍能保持完整。当用弱碱溶液破碎细胞时，他突然发现一种奇怪的沉淀产生了。这种沉淀物各方面的特性都与蛋白质不同，例如它既不溶解于水、醋酸，也不溶解于稀盐酸和食盐溶液。米歇尔意识到这一定是一种未知的物质，那么这种物质是在细胞质里还是在细胞核里呢？为了搞清这个问题，他用弱碱溶液单独处理纯化的细胞核。并在显微镜下检查处理过程，终于证实这种物质存在于细胞核里。米歇尔将这种物质定名为"核质"。

从 1879 年开始，米歇尔的师弟考塞尔经过 10 多年的研究搞清了酵母等细胞的"核质"的 4 种组成部分——碱基，如腺嘌呤（A）、鸟嘌呤（G）、胸腺嘧啶（T）、胞嘧啶（C）等。核酸组成成分的另一个碱基尿嘧啶（U）的发现和鉴定则是 20 世纪初的事了。

拓展阅读

淋巴细胞

淋巴细胞是白细胞的一种，由淋巴器官产生，是机体免疫应答功能的重要细胞成分。淋巴器官根据其发生和功能的差异，可分为中枢淋巴器官和周围淋巴器官。前者无须抗原刺激即可不断增殖淋巴细胞，成熟后将其转送至周围淋巴器官。成熟淋巴细胞需依赖抗原刺激而分化增殖，继而发挥其免疫功能。

1889 年，科学家阿尔特曼建议将"核质"定名为核酸，当时人们已经认识到所谓的"核质"实际上是核酸和蛋白质的混合物。

1909 年，科学家利文发现酵母的核酸含有核糖。那么是否所有的核酸都含有核糖呢？为了解答这个问题，利文又继续研究了 20 年之久。1910 年，他发现了动物细胞的核酸含有一种特殊的核糖——脱氧核糖。于是，人们认为核糖是植物细胞所具有，脱氧核糖是动物细胞所具有的。

　　直到 1938 年，人们才纠正了这一错误的看法。人们认识到酵母中对酸比较稳定的核酸是核糖核酸（RNA），在胸腺细胞中抽提纯化出来的对酸不稳定的核酸是脱氧核糖核酸（DNA）；所有的动、植物的细胞中都含有上述两大类核酸。以后人们还认识到 RNA 和 DNA 不单在核糖上有区别，而且在碱基组成上也有区别，RNA 含尿嘧啶，DNA 含胸腺嘧啶。

　　遗传学家其实早就怀疑 DNA 具有遗传物质的功能。1924 年，生物学家弗尔根发明了细胞核中染色体的染色方法，发现大多数动、植物细胞的细胞核里，尤其是染色体上都有 DNA 存在。以后又证明了 DNA 是染色体的主要组成部分。当时基因已经被证明在染色体上，并且获得了遗传学界比较广泛的承认。这些都是非常有力的证据。

　　随着细胞学染色技术的发展和核酸酶的运用，人类弄清了两种核酸在细胞中的分布。瑞典细胞化学家卡斯佩尔森用脱氧核糖核酸酶分解 DNA 的方法，证明 DNA 只存在于细胞核中，RNA 主要分布在细胞质里，但核仁里也有 RNA。1948 年，又有人发现染色体中有少量 RNA，细胞质中也有 DNA。20 世纪 40 年代把染色体从生物细胞中分离出来，直接分析

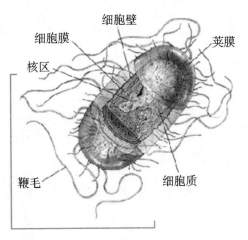

肺炎双球菌荚膜

其化学成分，确定 DNA 是构成染色体的重要物质。还发现同种生物的不同细胞中 DNA 的质和量是恒定的，并且在性细胞中，DNA 的含量正好是体细胞中含量的一半。这些都成为 DNA 是遗传物质的间接证据。

拓展阅读

肺炎双球菌

肺炎双球菌呈菌体矛头状，常成双排列的球菌，直径 0.5～1.5 微米，革兰氏染色阳性，但老龄菌常呈阴性反应。在机体内形成荚膜，经人工培养后荚膜逐渐消失，菌落由光滑型变为粗糙型，兼性厌氧菌，经常寄居在正常人的鼻咽腔中，多数不致病，仅部分具有致病力，能引起大叶肺炎、腹膜炎、胸膜炎、中耳炎以及败血症等。

证实 DNA 是遗传物质的试验整整进行了 16 年，并经过几位科学家的不断重复和验证。1928 年，英国的科学家格里菲思做了转化实验。格里菲思采用的试验材料是肺炎双球菌，这是一种引起人类肺炎的病菌，它也可以使小家鼠发病。如果把感染了肺炎双球菌的病人的痰注射到小家鼠体内，24 小时内家鼠就会死亡。用显微镜检查死鼠的心脏，可以观察到大量的肺炎双球菌。这种病原菌体呈成对球状。仔细看，它外

面包裹着一层很厚的透明的"衣服"，这叫荚膜，细菌就靠这层荚膜抵挡被感染动物的细胞对它的攻击，所以这些荚膜几乎成为肺炎双球菌毒性的象征了。

当人工培养肺炎双球菌时，它能在培养基上形成菌落。由于菌落周围比较光滑，因而人们把这种类型的菌叫光滑型肺炎双

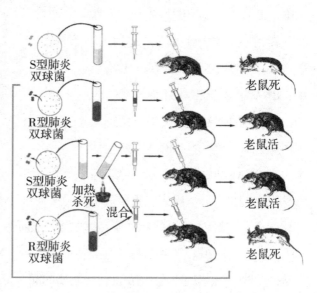

肺炎双球菌感染实验

球菌，记为 S 型。培养 S 型肺炎双球菌可以得到一种新的无毒性突变型 R 型肺炎双球菌，它之所以无毒就是因为它没有荚膜，从而这种 R 型肺炎双球菌不能抵抗生物体细胞对它的攻击。所以将这种 R 型肺炎双球菌注射到小家鼠身体中，按道理小家鼠应该健康无恙。

可是格里菲思突然发现了例外情况：他将一个正常的能致病的 S 型肺炎双球菌的样品加热杀死，然后与一个不致病的 R 型肺炎双球菌样品混合，注射至小家鼠体内。结果他惊奇地发现小家鼠死了。他把这些莫名其妙死亡的家鼠的心脏中所存在的细菌加以分离和检查，发现它们竟然都是 S 型肺炎双球菌。怎么 S 型肺炎双球菌"死而复活"了？而在此之前，格里菲思用 R 型肺炎双球菌样品和加热处理的 S 型肺炎双球菌样品分别注射的两组小家鼠都没有死，这说明加热处理的 S 型肺炎双球菌确确实实已经被杀死了。

格里菲思一遍又一遍地重复上述试验，结果却是家鼠一批一批地死亡。最后，他只能下结论：家鼠之所以成批地"死亡"，实验中的 S 型细菌之所以会"死里逃生"，是由于加热杀死的 S 型肺炎双球菌使那些无毒的活着的 R 型肺炎双球菌转化为 S 型肺炎双球菌。

这说明了一个什么问题呢？这说明在被加热杀死的 S 型肺炎双球菌中存在一种物质，这种物质很明显是一种遗传物质，它可以将 R 型的无毒的肺炎双球菌转化为有毒的 S 型肺炎双球菌。而这个实验的结果太出乎人们意料了，所以成为遗传学家们注意的焦点。于是，许多生物学家前赴后继，继续重复格里菲思的试验。

1931 年后，人们证实，造成小家鼠死亡确实是由于 S 型肺炎双球菌"死而复活"，因为只要把活的 R 型肺炎双球菌及加热杀死的 S 型肺炎双球菌混合，放在三角瓶里振

格里菲思

荡培养，无毒的 R 型肺炎双球菌也可以变成有毒的 S 型肺炎双球菌。又过了两年，生物学家又证实：把 S 型肺炎双球菌的细胞弄破，由此而获得的提取液加到生长着的 R 型肺炎双球菌里，也能产生这种转化作用。

1944 年，艾弗里等 3 位科学家阐明了转化因子的化学本质。

广角镜

艾弗里

艾弗里，美国医生，1877 年 10 月 21 日生于新斯科舍省哈利法克斯，1955 年 2 月 20 日卒于田纳西州纳什维尔。艾弗里于 1904 年毕业于内外科医师学院，他的研究范围包括肺炎的病原菌——肺炎球菌，然而在 1944 年艾弗里和同事研究了 S 菌株浸出物，证实这种因子是纯粹的脱氧核糖核酸（DNA），并不存在蛋白质。这是一个关键性的发展。在此之前，一直认为蛋白质是遗传学的基础，而 DNA 只是蛋白质的一种不太重要的附属品。现在看来，DNA 才是真正的遗传学基础。但是，由于提纯的 DNA 中还有 0.02% 的蛋白质，还有一些人对 DNA 是遗传物质提出质疑。这一发现直接导致了对 DNA 的新的研究，使克里克和沃森发现了它的结构及其复制方式。

从格里菲思的试验中我们知道，在被加热杀死的 S 型肺炎双球菌中一定有一种物质使 R 型肺炎双球菌转化为 S 型肺炎双球菌，所以艾弗里认为，问题的关键是要把这种物质找出来，于是他们就对被加热杀死的 S 型肺炎双球菌的提取液的所有成分进行了彻底检查。他们用一系列化学和酶催化的方法把各种蛋白质、类脂和多糖从提取液中除去，发现这并不会十分严重地降低 S 型肺炎双球菌和它的转化能力。最后在对提取液进行一系列纯化后，3 人得出结论：转化因子是脱氧核糖核酸（DNA）。

艾弗里是怎样得出这个结论的呢？这是因为：①只要把 S 型肺炎双球菌提取液的纯化的 DNA，用只有致死剂量的六亿分之一的剂量加到 R 型肺炎双球菌的培养物中，就能有产生 R—S 转化的能力。②这种"超效"转化因子对专门水解 DNA 的酶非常敏感，一碰上这种酶其转化功能就立即丧失殆尽。③R 型肺炎双球菌被转化成 S 型肺炎双球菌后，按照 S 型肺炎双球菌一样的方法抽提它的 DNA，仍然具有使 R—S 再次转化的能力。④不论是初次转化或是再次转化所产生的 S 型肺炎双球菌，它所具有的荚膜与 S 型肺炎双球菌的荚膜相比，两者的生物化学特性完全一样。

这个结论对于生物学来说，具有什么重大的意义呢? 3 人得到了如下结论: S 型肺炎双球菌 DNA 使 R 型肺炎双球菌永久地具有了产生荚膜的特性，并且这些 DNA 还能在 R 型肺炎双球菌中复制，成为再次转化的根源，也就是说，只有 DNA 才是遗传信息的载体。

拓展阅读

病　毒

病毒是由一个核酸分子（DNA 或 RNA）与蛋白质构成的非细胞形态的营寄生生活的生命体。

艾弗里等人的实验结果取得了 DNA 是遗传物质基础的第一个和最重要的一个证据，在遗传学史上具有重大的历史意义。

最后证实 DNA 是遗传物质的试验是噬菌体感染试验。噬菌体是细菌的"瘟神"，是细菌的天敌和死亡之神。噬菌体不单危害细菌，也危害动物、植物和人类，这时人们统称它们为病毒。植物病毒最有名的是烟草花叶病毒，感染人类的病毒有感冒病毒、乙型肝炎病毒等。噬菌体是地球上最简单、最原始的生命形式。它的结构很简单，只具有 DNA 和一个蛋白质外壳，

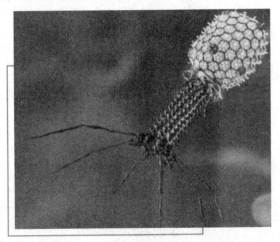

噬菌体

而且 DNA 与蛋白质的比例差不多是 1：1。所以用噬菌体来研究它的基因结构和功能的关系既方便又简单。遗传学家采用噬菌体作为试验材料，还因为噬菌体生长非常快，20～30 分钟就繁殖一代。

20 世纪 30 年代初，德国出生的美国科学家施莱辛格就确定噬菌体是一种核蛋白质。后来，美国微生物学家埃利斯在加州理工学院用大肠杆菌噬菌体进行了许多实验，这时对遗传学问题抱有特殊兴趣的德国物理学家德尔布吕克抱着用新的途径寻找基因的愿望，从德国到美国加利福尼亚工作。当他了解了埃利斯的研究之后，感到噬菌体是研究基因复制最有希望的材料，它比高等生物的基因理想得多，比动物和植物性病毒更为适宜。埃利斯和德尔布吕克进行合作，研究了细菌病毒的生活史，弄清了噬菌体繁殖周期的 3 个阶段——吸附细菌期、潜伏期和溶菌期（即细菌细胞裂解期），同时证明裂解了的噬菌体从细菌细胞中释放出来。1942 年，意大利血统的美国微生物学家卢里亚和美国微生物学家安德森用电子显微镜揭示出噬菌体颗粒头部和尾部的详细结构。1946 年，德尔布吕克和贝利又用两个近缘噬菌体的突变体去感染细菌，在噬菌体后代中获得重组体（杂种），这样就产生了噬菌体遗传学。

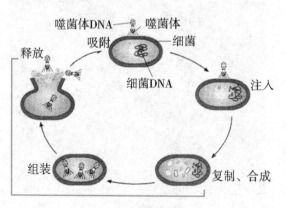

噬菌体侵入细菌图

噬菌体侵入细菌的过程如图所示。

1952 年，生物学家赫尔希和蔡斯进行了有名的噬菌体感染实验。由于 DNA 含有化学元素磷（P），而噬菌体的外壳主要是蛋白质，不含有磷（P），而含有硫（S）、氮（N）、碳（C）和氧（O）等，其中硫（S）是蛋白质独有的，而 DNA 没有硫（S）。赫尔希和蔡斯就是根据这个原理来设计噬菌体感染实验，其实验过程是这样的：

第一步，将噬菌体的 DNA 用同位素 ^{32}P 加以标记，它的外壳蛋白质则用另一个同位素 ^{35}S 加以标记。这样，将噬菌体的 DNA 和外壳蛋白质用放射性同位素加以标记，就很容易追踪 DNA 和外壳蛋白质的来龙去脉了。

第二步，将同位素标记的噬菌体的培养液和细菌的培养液混合起来，这样，噬菌体就开始侵入细菌了。

第三步，过一段时间以后，将噬菌体和细菌的混合培养液进行低速离心，从而可以区分开噬

你知道吗

噬菌体

噬菌体是感染细菌、真菌、放线菌或螺旋体等微生物的细菌病毒的总称。作为病毒的一种，噬菌体具有病毒特有的一些特征：个体微小；不具有完整细胞结构；只含有单一核酸。噬菌体基因组含有许多个基因，但所有已知的噬菌体都是在细菌细胞中利用细菌的核糖体、蛋白质合成所需的各种因子、各种氨基酸和能量产生系统来实现其自身的生长和增殖。一旦离开了宿主细胞，噬菌体既不能生长，也不能复制。

菌体和细菌，再将低速离心分开的噬菌体部分和细菌部分进行培养和同位素检查。

实验结果是怎样的呢？结果是用 ^{32}P 标记的噬菌体 DNA 基本上都已进入了细菌体内，并进行繁殖，而用 ^{35}S 标记的噬菌体的外壳蛋白质几乎都留在了细菌外面。这说明，噬菌体是通过 DNA 进行遗传的，是噬菌体 DNA 主导着噬菌体的生命的繁衍，DNA 确实是遗传物质。

到 20 世纪 50 年代初期，虽然人们对 DNA 的化学结构和遗传功能有了相当深刻的了解，

沃　森

但是对它的空间结构却知之甚少。因此，对于 DNA 怎样实现它的遗传功能，从空间结构上来说还有困难。为了彻底解开生命遗传之谜，这个问题必须尽快得到解决。

1953 年 4 月 25 日是生物学历史上最辉煌的一天。这天，年仅 25 岁的美国生物学家沃森与同在剑桥大学的合作伙伴英国物理学家克里克，一起在英国《自然》杂志上发表了一篇论文，提出了 DNA 的双螺旋结构和自我复制机制。从此，人们开始步入真正的 DNA 双螺旋世界。

DNA 双螺旋结构的特点：

（1）主链。

拓展阅读

沃森

沃森，美国生物学家，美国科学院院士。1928 年 4 月 6 日生于芝加哥，1947 年毕业于芝加哥大学，获学士学位，后进印第安纳大学研究生院深造，1950 年获博士学位后去丹麦哥本哈根大学从事噬菌体的研究，1951～1953 年在英国剑桥大学卡文迪什实验室进修，1955 年在哈佛大学执教。在哈佛大学期间，他主要从事蛋白质生物合成的研究。1951～1953 年在英国期间，他和英国生物学家克里克合作，提出了 DNA 的双螺旋结构学说。这个学说被认为是生物科学中具有革命性的发现，是 20 世纪最重要的科学成就之一。

由脱氧核糖和磷酸基通过酯键交替连接而成。主链有两条，它们似"麻花状"绕一共同轴心以右手方向盘旋，相互平行而走向相反形成双螺旋构型。主链处于螺旋的外侧，这正好解释了由糖和磷酸构成的主链的亲水性。DNA 外侧是脱氧核糖和磷酸基交替连接而成的骨架。所谓双螺旋就是针对两条主链的形状而言的。

（2）碱基对。

碱基位于螺旋的内侧，它们以垂直于螺旋轴的取向通过糖苷键与主链糖基相连，同一平面的碱基在两条主链间形成碱基对。配对碱基总是 A 与 T

和 G 与 C。碱基对以氢键维系，A 与 T 间形成两个氢键，G 与 C 间形成三个氢键。DNA 结构中的碱基对与 Chatgaff 的发现正好相符。从立体化学的角度看，只有嘌呤与嘧啶间配对才能满足螺旋对于碱基对空间的要求，而这两种碱基对的几何大小又十分相近，具备了形成氢键的适宜键长和键角条件。每对碱基处于各自自身的平面上，但螺旋周期内的各碱基对平面的取向均不同。碱基对具有二次旋转对称性的特征，即碱基旋转 180°并不影响双螺旋的对称性，也就是说双螺旋结构在满足两条链碱基互补的前提下，DNA 的一级结构并不受限制。这一特征能很好地阐明 DNA 作为遗传信息载体在生物界的普遍意义。

（3）大沟和小沟。

大沟和小沟分别指双螺旋表面凹下去的较大沟槽和较小沟槽。小沟位于双螺旋的互补链之间，而大沟位于相毗邻的双股之间。这是由于连接于两条主链糖基上的配对碱基并非直接相对，从而使得在主链间沿螺旋形成空隙不等的大沟和小沟。在大沟和小沟内的碱基对中的 N 和 O 原子朝向分子表面。

（4）结构参数。

螺旋直径 2 纳米，螺旋周期包含 10 对碱基，螺距 3.4 纳米，相邻碱基对平面的间距 0.34 纳米。

▶ 基　因

在 21 世纪的今天，"基因"已成为一个世界性的名词，基因食品、基因作物、基因药物、基因治疗、基因芯片……"基因"无时不在，无处不在。那么，什么是基因呢?

现代遗传学家认为，基因是 DNA（脱氧核糖核酸）分子上具有遗传效应的特定核苷酸序列的总称，是具有遗传效应的 DNA 分子片段。基因位于染色体上，并在染色体上呈线性排列。基因不仅可以通过复制把遗传信息传递给下一代，还可以使遗传信息得到表达。不同人种之间头发、肤色、眼睛、鼻子等之所以不同，就是因为基因存在差异所致。

但人类对基因的认识却经历了一个漫长的过程。基因的最初概念来自奥地利遗传学家孟德尔的"遗传因子"。1909年，丹麦学者约翰孙首次提出以"gene"一词代替"遗传因子"，并一直沿用至今。1921年，生物学家缪勒提出基因在染色体上有确定的位置，它本身是一种微小的颗粒，其最明

趣味点击　　遗传因子

遗传因子即决定生物体性状的内在原因。具体地说，就是生物体表现出来的性质和形状，比如大小、高矮、颜色等。"性状"是人们感觉到的表面现象，它们的重复出现具有某种内在的原因。

显的特征是自我繁殖。同时，缪勒认为应该将基因物质化和粒子化。

后来，摩尔根等生物学家系统地总结了主要遗传学观点，全面提出了基因论：基因位于染色体上；一个染色体通常含有许多基因；基因在染色体上有一定的位置和顺序，并呈线性排列；基因之间并不永远联结在一起，在减数分裂过程中，它们与同源染色体上的等位基因一之间常常发生有秩序的交换；基因在染色体上组成连锁群，位于不同连锁群的基因在形成配子时，按照孟德尔第一遗传规律和孟德尔第二遗传规律进行分离和自由组合，位于同一连锁群的基因在形成配子时，按照摩尔根第三遗传规律进行连锁和互换。

知识小链接

等位基因

等位基因一般指位于一对同源染色体的相同位置上控制着相对性状的一对基因。它可能出现在染色体某特定座位上的两个或多个基因中的一个。

　　不过，摩尔根的基因论因为历史条件的限制，也存在一定的局限性，当时谁也不知道基因是什么样的物质，作为遗传粒子的基因究竟有什么功能，基因是如何发挥功能的等一系列的问题，基因论都没有作出回答。分子遗传学的诞生为解决这些问题开辟了道路。

　　1944 年，美国的艾弗里等证明 DNA 是遗传物质。1953 年，沃森和克里克经过不懈的探索和分析，终于揭示了 DNA 双螺旋结构模型，标志着现代遗传学进入了分子生物学时期。DNA 双螺旋结构的提出，使人类认识到 DNA 上贮存着遗传信息，这些特定的信息规定着某种蛋白质的合成，核苷酸序列与氨基酸序列之间存在着特定的关系。但是，在双螺旋结构发现以后的很长时间里，很多人都认为基因是不可分的遗传基本单位。

　　直到 1957 年，生物学家本泽在分析基因内部精细结构的时候，认为基因是 DNA 分子上的一个特定区段，作为遗传信息的功能单位，在结构上是由许多可以独自发生突变或重组的核苷酸组成。1969 年，夏皮罗等证明大肠杆菌基因可以离开染色体独立发生作用。1977 年，科学家在猿猴病毒和腺病毒中发现基因内有分区，并把表达部分称为外显子，不表达部分称为内含子。

　　这些基因不连续现象的发现，说明功能上相关的多个基因可以分散在染色体的不同部位，而且同一基因也可以分为几个部分，一个基因的内含子可以是另一个基因的外显子。与基因不连续的现象相反，英国的桑格发现基因还可以是重叠的，即几个基因可以共用一段 DNA 序列。现代生物学已经证明，基因是遗传信息的载体，是 DNA（脱氧核糖核酸）或某些病毒中 RNA（核糖核酸）的很小很小的区段。一个 DNA 分子可以包含成千上万个基因，每个基因又包含若干遗传信息。

　　基因突变首先由摩尔根于 1910 年在果蝇中发现。马勒于 1927 年、斯塔德勒于 1928 年分别用 X 射线等在果蝇、玉米中最先诱发了突变。1947 年，奥尔巴克首次使用了化学诱变剂，用氮芥诱发了果蝇的突变。1943 年，卢里亚和德尔布吕克最早在大肠杆菌中证明对噬菌体抗性的出现是基因突变的结果。

接着在细菌对于链霉素和磺胺药的抗性方面获得同样的结论。于是，基因突变这一生物界的普遍现象逐渐被充分认识，基因突变的研究也进入了新的时期。1949 年光复活作用发现后，DNA 损伤修复的研究也迅速推进。这些研究结果说明，基因突变并不是一个单纯的化学变化，而是一个和一系列酶的作用有关的复杂过程。

摩尔根

由于 DNA 分子中发生碱基对的增添、缺失或替换而引起的基因结构的改变，称为基因突变。一个基因内部可以遗传的结构的改变，又称为点突变，通常可引起一定的表型变化。广义的突变包括染色体畸变，狭义的突变专指点突变。实际上畸变和点突变的界限并不明确，特别是微细的畸变更是如此。野生型基因通过突变成为突变型基因。突变型一词既指突变基因，也指具有这一突变基因的个体。

基因突变通常发生在 DNA 复制时期，即细胞分裂间期，包括有丝分裂间期和减数分裂间期，同时基因突变和脱氧核糖核酸的复制、DNA 损伤修复、癌变、衰老都有关系，基因突变也是生物进化的重要因素之一，所以研究基因突变除了本身的理论意义以外，还有广泛的生物学意义。基因突变为遗传学研究提供突变型，为育种工作提供素材，所以它还有科学研究和生产上的实际意义。

重叠基因是在 1977 年发现的。早在 1913 年斯特蒂文特已在果蝇中证明了基因在染色体上作线状排列，20 世纪 50 年代对基因精细结构和顺反位置效应等研究的结果也说明基因在染色体上是一个接着一个排列，而并不重叠。但是 1977 年桑格在测定噬菌体 ΦX174 的 DNA 的全部核苷酸序列时，却意外地发现基因 D 中包含着基因 E。基因 E 的第一个密码子从基因 D 的中央的一个密码子 TAT 的中间开始，因此两个部分重叠的基因所编码的两个蛋白质非但大小不等，而且氨基酸也不相同。在某些真核生物病毒中也发现有重叠基因。

断裂的基因也是在 1977 年发现的，它是内部包含一段或几段最后不出现在成熟的 mRNA 中的片段的基因。这些不出现在成熟的 mRNA 中的片段称为内含子，出现在成熟的 mRNA 中的片段则称为外显子。例如下面这一基因，有三个外显子和两个内含子。在几种哺乳动物的核基因、酵母菌的线粒体基因，以及某些感染真核生物的病毒中都发现了断裂的基因。

到目前为止，在果蝇中已经发现的基因不下于 1000 个，在大肠杆菌中已经定位的基因大约也有 1000 个。由基因决定的性状虽然千差万别，但是许多基因的原初功能却基本相同。

随着人们对基因认识的发展和深化，基因的概念也不断得到修正和完善。在经典遗传学中，基因作为存在于细胞里有自我繁殖能力的遗传单位，它的含义包括 3 方面的内容：①在控制遗传性状上是功能单位，又称顺反子。②在产生变异上是突变单

广角镜

重组子

重组子是两个突变位点之间可发生交换产生野生型的最小单位，即不能由重组分开的基本单位。

位，又称突变子。③在杂交遗传上是重组或交换单位，又称重组子。新的基因理论把基因分成顺反子、突变子和重组子，不仅证明基因是可分的，而且打破了传统的"三位一体"说，为全面揭示生物遗传和变异规律，准确认识生命本质和活动过程奠定了基础。

20 世纪 60 年代初，莫诺与雅可布发现了调节基因，把基因区分为结构基因和调节基因是着眼于这些基因所编码的蛋白质的作用。凡是编码酶蛋白、血红蛋白、胶原蛋白或晶体蛋白等蛋白质的基因都称为结构基因；凡是编码

阻遏或激活结构基因转录的蛋白质的基因都称为调节基因。但是从基因的原初功能这一角度来看，它们都是编码蛋白质。

莫 诺

根据原初功能基因可分为：编码蛋白质的基因，包括编码酶和结构蛋白的结构基因，以及编码作用于结构基因的阻遏蛋白或激活蛋白的调节基因；没有翻译产物的基因，转录成为 RNA 以后不再翻译成为蛋白质的转移核糖核酸（tRNA）基因和核糖体核酸（rRNA）基因；不转录的 DNA 区段，如启动区、操纵基因等，前者是转录时 RNA 多聚酶开始和 DNA 结合的部位，后者是阻遏蛋白或激活蛋白和 DNA 结合的部位。已经发现在果蝇中有影响发育过程的各种时空关系的突变型，控制时空关系的基因有时序基因、格局基因、选择基因等。

一个生物体内的各个基因的作用时间常不相同，有一部分基因在复制前转录，称为早期基因；有一部分基因在复制后转录，称为晚期基因。一个基因发生突变而使几种看来没有关系的性状同时改变，这种基因就称为多效基因。

不同生物的基因数目有很大差异，已经确知 RNA 噬菌体 MS2 只有 3 个基因，而哺乳动物的每一细胞中至少有 100 万个基因，但其中极大部分为重复序列，而非重复的序列中，编码肽链的基因估计不超过 10 万个。除了单纯的重复基因外，还有一些结构和功能都相似的为数众多的基因，它们往往紧密连锁，构成所谓基因复合体或叫基因家族。

◎ 基因怎样控制性状

基因是怎样控制性状的呢？这个问题非常复杂，表现形式也不一样。

早在 1902 年，英国医生加罗特第一次引导人们注意基因和酶的关系。他是从临床医学实践中把这种观念引进到生物学中来的。那时候已经知道有一种白化病，该病是由遗传因素引起的。加罗特发现白化病是由于缺少一种酶而引起的。由于缺少这种酶，所以病人不能把酪氨酸转变成黑色素。而正常人体是有这种酶存在的，它能催化酪氨酸转变成黑色素。

1923 年，加罗特在黑尿酸病患者中也发现有类似的情况。在正常个体中，有一个基因是负责尿里的一种酶合成，这种酶能加速一种正常代谢产物黑尿酸的分解。而在黑尿酸病患者中，等位基因的纯合子却造成了这种酶的缺失，于是黑尿酸就不再分解成二氧化碳和水，而是被排泄到尿里。黑尿酸是一种接触空气以后就变黑的物质，因此病人的尿布或者尿长期放置以后，就会变成黑色。根据白化病和黑尿酸病这些遗传病的资料，加罗特引入了"先天性代谢差错"的概念。他认为，这些患者的异常的生化反应，

你知道吗

白化病

白化病是一种较常见的皮肤及其附属器官因黑色素缺乏所引起的疾病，由于先天性缺乏酪氨酸酶或酪氨酸酶功能减退，黑色素合成发生障碍所导致的遗传性白斑病。这类病人通常是全身皮肤、毛发、眼睛缺乏黑色素，因此表现为眼睛视网膜无色素，虹膜和瞳孔呈现淡粉色，怕光，看东西时总是眯着眼睛，皮肤、眉毛、头发及其他体毛都呈白色或白里带黄。白化病属于家族遗传性疾病，为常染色体隐性遗传，常发生于近亲结婚的人群中。

是"先天性代谢差错"的结果，这种差错和酶有关，并且是完全符合孟德尔定律而随基因遗传的。这样，加罗特的工作初步确立了基因和酶的合成有关

的观念。

从 1940 年开始，遗传学家比德尔和美国的生物学家塔特姆合作，用红色面包霉做材料进行研究。他们发现它有很多优点，如繁殖快、培养方法简单和有显著的生化效应等，因此研究工作进展顺利，并且得到了巨大的成果。他们用 X 射线照射红色面包霉的分生孢子，使它发生突变。然后把这些孢子放到基本培养基（含有一些无机盐、糖和维生素等）上培养，发现其中有些孢子不能生长。这可能是由于基因的突变，丧失了合成某种生活物质的能力。而这种生活物质又是红色面包霉在正常生长中不可缺少的，所以它就无法生长。如果在基本培养基中补足了这些物质，那么孢子就能继续生长。应用这种办法，比德尔和塔特姆查明了各个基因和各类生活物质合成能力的关系，发现有些基因和氨基酸的合成有关，有些基因和维生素的合成有关。

基本小知识

氨基酸

氨基酸广义上是指既含有一个碱性氨基，又含有一个酸性羧基的有机化合物，但一般的氨基酸，则是指构成蛋白质的结构单位。在生物界中，构成天然蛋白质的氨基酸具有其特定的结构特点，即其氨基直接连接在 α‐碳原子上，这种氨基酸被称为 α‐氨基酸。在自然界中共有 300 多种氨基酸，其中 α‐氨基酸有 21 种。α‐氨基酸是肽和蛋白质的构件分子，也是构成生命大厦的基本物质之一。

经过进一步研究，比德尔和塔特姆发现，在红色面包霉的生物合成中，每一阶段都受到一个基因的支配，当这个基因因为突变而停止活动的时候，就会中断这种酶的反应。这说明在生物合成过程中酶的反应是受基因支配的。于是，他们提出了"一个基因一个酶"的理论，用来说明基因通过酶控制性状发育的观点，即一个基因控制一个酶的合成。具体地说，每一个基因都是操纵一个并且只有一个酶的合成，从而控制那个酶所催化的单个化学反应。

我们知道酶能够催化和控制生物体内的化学反应，这样，基因就通过控制酶的合成而控制生物体内的化学反应，并最终控制生物的性状表达。

后来，遗传学家和生物化学家又提出了"一个基因一条多肽链"的假说，即一个酶是由许多多肽链构成的。这样若干个基因控制若干个多肽链，这些多肽链又构成一个酶，并最终控制生物的性状表达。

你知道吗

多肽链的构成

氨基酸残基组成多肽的一维形式。按照 mRNA 上的遗传密码，一个个由转运 RNA 运来的氨基酸互相连接而成为一条多肽链。

近年来，许多实验室对真核细胞基因的分析研究表明：DNA 上的基因顺序一般并不是连续的，而是间断的；中间插入了不表达的、甚至表达产物不是蛋白质的基因，相继发现"不连续的结构基因""跳跃基因""重叠基因"等。这些研究成果说明，功能上相关的各个基因，不一定紧密连锁成操纵子的形式，它们不但可以分散在不同染色体或者同一染色体的不同部位上，而且同一个基因还可以分成几个部分。因此，过去的"一个基因一个酶"或"一个基因一条多肽链"的说法就不够确切和全面了。

实际上，基因控制生物性状的遗传是非常复杂的，有直接作用，有间接作用，还有一种依靠叫做操纵子的东西来控制生物的遗传，甚至还受到环境的影响等。

（1）基因的直接作用。

如果基因表达的最后产物是结构蛋白，基因的变异可以直接影响到蛋白质的特性，从而表现出不同的遗传性状，从这个意义上说，可以看作是基因对性状表现的直接作用。

（2）基因的间接作用。

基因通过控制酶的合成，间接地作用于性状表现，这种情况比上述的第

拓展阅读

氧化酶

　　过氧化物酶体中的主要酶类，氧化酶约占过氧化物酶体酶总量的一半，包括：尿酸氧化酶、D－氨基酸氧化酶、L－氨基酸氧化酶和L－α－羟基酸氧化酶等。各种氧化酶作用于不同的底物，其共同特征是氧化底物的同时，将氧还原成过氧化氢。

一种情况更为普遍。例如，高茎豌豆和矮茎豌豆，高茎（T）对矮茎（t）是显性。据研究，高茎豌豆含有一种能促进节间细胞伸长的物质——赤霉素，它是一类植物激素，能刺激植物生长，而矮茎豌豆则没有这种物质。赤霉素的产生需要酶的催化，而高茎豌豆的T基因的特定碱基序列，能够通过转录、翻译产生出促使赤霉素形成的酶，这种酶催化赤霉素的形成，赤霉素促进节间细胞伸长，于是表现为高茎。而矮茎基因t则不能产生这种酶，因而也不能产生赤霉素，节间细胞伸长受到限制，表现为矮茎豌豆。

◎ 操纵子学说

　　1961年，法国科学家莫诺与雅可布发表《蛋白质合成中的遗传调节机制》一文，提出操纵子学说，开创了基因调控的研究。四年后的1965年，莫诺与雅可布荣获诺贝尔生理学与医学奖。

　　莫诺与雅可布最初发现的是大肠杆菌的乳糖操纵子。这是一个十分巧妙的自动控制系统，这个自动控制系统负责调控大肠杆菌的乳糖代谢。乳糖可作为培养大肠杆菌的能源。大肠杆菌能产生一种酶（半乳糖苷酶），能够催化乳糖分解为半乳糖和葡萄糖，以便作进一步的代谢利用。编码半乳糖苷酶的基因是一个结构基因，这个结构基因与操纵基因共同组成操纵子。操纵基因受一种叫作阻遏蛋白的蛋白质的调控。当阻遏蛋白结合到操纵基因之上时，乳糖会起诱导作用，它与阻遏蛋白结合，使之从操纵基因上脱落下来。这时，操纵基因开启，相邻的结构基因也表现出活性，细菌就能分解并利用乳糖了，这样乳糖便成了诱导半乳糖苷酶产生的诱导物。

知识小链接

大肠杆菌

大肠杆菌又称为肠埃希氏菌，是在 1885 年发现的，在相当长的一段时间内，它一直被当作正常肠道菌群的组成部分，认为是非致病菌。直到 20 世纪中期，人们才认识到一些特殊血清型的大肠杆菌对人和动物有病原性，尤其对婴儿和幼畜（禽），常引起严重的腹泻和败血症。它是一种普通的原核生物。根据不同的生物学特性将致病性大肠杆菌分为五类：致病性大肠杆菌、肠产毒性大肠杆菌、肠侵袭性大肠杆菌、肠出血性大肠杆菌、肠黏附性大肠杆菌。

大肠杆菌的乳糖操纵子是一个十分巧妙的自动控制系统：当培养基中含有充分的乳糖，同时不含葡萄糖时，细菌便会自动产生半乳糖苷酶来分解乳糖。当培养基中不含乳糖时，细菌便自动关闭乳糖操纵子，以免浪费物质和能量。

一个控制细胞基因表达的模型称为操纵子，此模型的提出使基因概念又向前迈出了一大步，表明人们已认识到基因的功能并不是固定不变的，而是可以根据环境的变化进行调节。随之人们发现无论是真核还是原核生物转录调节，都是涉及编码蛋白的基因和 DNA 上的元件。一个基因就是一段编码有功能产物的 DNA 顺序。基因的产物可以是蛋白质或是 RNA（如 tRNA 和 rRNA）。基因的重要特点是在有的情况下其产物能从合成位点散开去作用别的位点。DNA 元件是 DNA 上一段顺序，它不能转变成任何其他的形式，但它作为一种原位顺序具有特殊的功能。由于它只能作用同一条 DNA，因此称顺式作用元件。

1969 年，贝克维斯从大肠杆菌的 DNA 中分离出乳糖操纵子，完全证实了雅可布和莫诺的模型。

生　殖

　　生殖是生命的基本特征之一，是指生物产生后代和繁衍种族的过程，是生物界普遍存在的一种生命现象。我们知道的生殖方式有有性生殖和无性生殖，当然，克隆技术也是一种无性生殖方式。本章以浅显易懂的文字和生动形象的话语向我们娓娓道来，让我们了解生殖世界的奥秘。

无性生殖

无性生殖是指亲体不通过两性细胞的结合而产生后代个体的生殖方式。该生殖方式多见于无脊椎动物，又称无配子生殖，包括分裂生殖、出芽生殖、孢子生殖、营养生殖、组织培养等。无性生殖的优点是能保持母本的性状。从本质上讲，由体细胞进行的繁殖就是无性生殖。随着科技的发展，又出现了一种新的无性生殖技术，那就是克隆。

◎ 分裂生殖

分裂生殖又叫裂殖，是无性生殖中常见的一种方式，即母体分裂成 2 个（二分裂）或多个（复分裂）大小、形状相同的新个体的生殖方式。这种生殖方式在单细胞生物中比较普遍，但对不同的单细胞生物来说，在生殖过程中核的分裂方式是有所不同的，可归纳为以下 2 种方式：

（1）以无丝分裂方式营无性分裂生殖。

无丝分裂又称直接分裂，是一种最简单的细胞分裂方式。整个分裂过程中不经历纺锤丝和染色体的变化，这种分裂方式在细菌、蓝藻等原核生物的分裂生殖中最常见。

原核细胞的分裂包括两个方面：①细胞 DNA 的分配，使分裂后的子细胞能得到亲代细胞的一整套遗传物质；②胞质分裂把细胞基本上分成两等分。

复制好的两个 DNA 分子与质膜相连，随着细胞的生长，把两个 DNA 分子拉开，细胞分裂时，细胞壁与质膜发生内褶，最终把母细胞分成了大致相等的两个子细胞。

（2）以核的有丝分裂方式营无性分裂生殖。

有丝分裂的过程要比无丝分裂复杂得多，是多细胞生物细胞分裂的主要

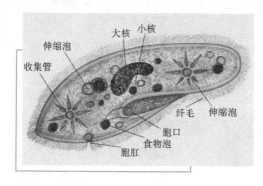

草履虫

方式，但一些单细胞如甲藻、眼虫、变形虫等，在分裂生殖时，也以有丝分裂的方式进行。

甲藻细胞兼有真核细胞和原核细胞的特点，细胞开始分裂时核膜不消失，核内染色体搭在核膜上，分裂时核膜在中部向内收缩形成凹陷的槽，槽内细胞质出现由微管按同一方向排列的类似于纺锤丝的构造，调节核膜和染色体，分离为子细胞核，最终分裂成两个子细胞。

眼虫营分裂生殖时，核进行有丝分裂，分裂过程中核膜并不消失，随着细胞核中部收缩分离成两个子核，然后细胞由前向后纵裂为二，其中一个带有原来的一根鞭毛，另一个长出一根新鞭毛，从而形成两个眼虫。

你知道吗

鞭　毛

在某些细菌菌体上具有细长而弯曲的丝状物，称为鞭毛。鞭毛的长度常超过菌体若干倍，少则几根，多则可达数百根，是细菌的运动器官。

变形虫长到一定大小时，进行分裂繁殖，是典型的有丝分裂，核膜消失，随着细胞核中部收缩，染色体分配到子核中，接着胞质一分为二，将细胞分裂成两个子代个体。

水　螅

◎ 出芽生殖

出芽生殖又叫芽殖，是无性生殖方式之

一，是由母体在一定的部位生出芽体的生殖方式。芽体逐渐长大，形成与母体一样的个体，并从母体上脱落下来，成为完整的新个体。酵母菌和水螅常常进行出芽生殖。

拓展阅读

芽 基

芽基在实验胚胎学领域中，一般是指大体可与其他胚区或体部相区别的细胞群，它虽有其特定的发生方向，但尚处于未分化的状态。在上述的定义中并不包括那些能明显地区别于其他胚区的细胞群，也就是说在形态上不能明显地区别于母层的胚层的细胞群，而在分化能力上能明显地区别于附近的细胞群，这种细胞多被称为芽基。

"出芽生殖"中的"芽"是指在母体上长出的芽体，而不是高等植物上真正的芽的结构。亲代通过细胞分裂产生子代，在一定部位长出与母体相似的芽体，即芽基，芽基并不立即脱离母体，而与母体相连，继续接受母体提供的养分，直到个体可独立生活才脱离母体。

◎ 孢子生殖

孢子生殖是由母体产生出没有性别分化的孢子，这种繁殖细胞不经过两两结合，每个孢子能直接发育成新个体的生殖方式。

采蘑菇时，只要你稍稍触及成熟的蘑菇，它就会落下很多细细的"粉末"，随风飞扬。这就是蘑菇繁殖后代的孢子。像蘑菇这样的孢子植物，不会开花结果，它们都以孢子繁殖后代。

蘑 菇

孢子一般很小，直径只有几微米到几十微米。

衣藻和小球藻等原生藻类，其营养细胞长大，细胞壁加厚，形成孢子囊，在孢子囊内的原生质体进行多次分裂，形成多个无性孢子。

各种曲霉的气生菌丝可产生生殖分枝，形成孢子囊。青霉等生殖分枝再发育成分生孢子梗，其末端多次断裂生成分生孢子。疟原虫的配子在蚊体内结合成合子，合子穿入胃壁发育成孢子囊（即卵囊），经过多次核分裂后形成许多孢子，孢子随蚊虫唾液传入人体后，在肝细胞内发育成滋养体。

拓展阅读

衣藻

衣藻亦称"单衣藻"，绿藻门衣藻科。藻体为单细胞，球形或卵形，前端有两条等长的鞭毛，能游动。鞭毛基部有伸缩泡两个，另在细胞的近前端，有红色眼点一个。载色体大型杯状，具淀粉核一枚。无性繁殖产生游动孢子；有性生殖为同配、异配和卵式生殖。在不利的生活条件下，细胞停止游动，并进行多次分裂，外围厚胶质鞘，形成临时群体称"不定群体"。环境好转时，群体中的细胞产生鞭毛，破鞘逸出。

◎ 营养生殖

营养生殖是利用植物的营养器官（根、叶、茎）来进行繁殖，只有高等植物具有根、茎、叶的分化，因此，它是高等植物的一种无性生殖方式。

营养生殖能够使后代保持亲本的性状，因此，人们常用分生、嫁接、扦插、压条等人工的方法来繁殖花卉和果树。

在自然状态下进行营养生殖，叫自然营养繁殖，如草莓匍匐枝，秋海棠的叶，马铃薯的块茎；在人工协助下进行营养繁殖，叫人工营养繁殖，如扦插、嫁接。

分生繁殖

分生繁殖是将丛生的植株分离，或将植物营养器官的一部分与母株分离，另行栽植而形成独立新植株的繁殖方法。所产生的新植株能保持母株的遗传性状，方法简便、易于成活、成苗较快；但繁殖系数较低，切面较大，易感染病毒病等病害。

按分离器官的不同，分生方法有：

萱 草

分株：将根际或地下茎上发生的萌蘖切下栽植。如刺槐、木瓜、萱草等。

分吸芽：某些植物根际或地上茎的叶腋间自然发生的短缩，肥厚呈莲座状短枝，其下部可自然生根，可从母株上分离另行栽植。如景天、菠萝等。

分株芽或零余子：某些植物生于叶腋间或花序上的芽，脱离母株落地后即可生根，如卷丹、葱类。

分走茎：自叶丛抽出的茎，节上着生叶、花和不定根，分离栽植即可形成新株，如草莓等。

分根茎：将根茎切成具2~3个芽的段，可繁殖成新株，如莲、美人蕉等。

分球茎：可直接栽植新球茎和子球茎，也可将大的新球茎切成具芽的块栽植，如唐菖蒲等。

分鳞茎：可将每年形成的子鳞茎分出栽种，如水仙等。

分块茎：如马铃薯等。

嫁接繁殖

嫁接是用植物营养器官的一部分，移接于其他植物体上。用于嫁接的枝条称接穗，所用的芽称接芽，被嫁接的植株称砧木，接活后的苗称为嫁接苗。

嫁接繁殖是繁殖无性系优良品种的方法，常用于梅花、月季等。嫁接成活的原理，是具有亲和力的两株植物间在结合处的形成层，产生愈合现象，使导管、筛管互通，以形成一个新个体。

嫁接时间

休眠期嫁接：一般在春季萌动前 2 ~ 3 星期，3 月上、中旬，而有些萌动较早的种类在 2 月中、下旬。因此时砧木的根部及形成层已开始活动，而接穗的芽即将开

月　季

始活动，嫁接成活率最高。秋季嫁接约在 10 月上旬至 12 月初，嫁接后使其先愈合，明春接穗再抽枝，故休眠期嫁接亦可分为春接和秋接。

广角镜

休眠期

植物体或其器官在发育的过程中，生长和代谢出现暂时停顿的时期。通常是由内部生理原因决定的，种子、茎、芽都可处于休眠状态。植物体或其器官具有一定的休眠期是有其意义的，特别是生活在冷、热、干、湿季节性变化很大的气候条件下，能使植物体度过不良环境。对于一些植物，如马铃薯、洋葱、大蒜，用人工方法延长其休眠期，则有利于贮存。但种子的休眠期过长又会影响农业生产，因此需要用不同方法解除种子休眠，以保证适时播种，不误农时。

生长期嫁接：在生长期进行的主要为芽接。多在树液流动旺盛之夏季进行，因此时枝条腋芽发育充实而饱满，而砧木树皮容易剥离。故 7 ~ 8 月是芽接最适期。因夏秋之际均可进行，亦称夏接。桃花、月季等多用芽接法。另外靠接因不切离母体，故也在生长期进行。

砧木和接穗的选择

砧木要选择与接穗亲缘近、抗性强、生长健壮、适应本地环境的种类。接穗应选壮年的健康植株上充实而饱满的枝条，取枝

条的中部作为接穗。

嫁接方法

嫁接的主要原则为切口必须平直、光滑，如枝条较硬，手持不稳，可用一块皮或厚帆布放在膝上，将待削的接穗平放，用快刀稳削，则削面平直，不致形成内凹。绑扎嫁接部分的材料，现在多用塑料薄膜剪成长条，既有弹性，又可防水。

嫁接的方法很多，主要有以下4种：

切接：选定砧木，平截去上部，在其一侧纵向切下约2厘米，稍带木质部，露出形成层；接穗枝条的一端削成长2厘米左右的斜形，在其背侧末端斜削一切，插入砧木，对准形成层（对线），然后扎缚即可。

劈接：也称割接，开花乔木的嫁接用此法较多。先在砧木离地10~12厘米处，截去上部，然后在砧木横切面中央，用嫁接刀垂直切下3厘米左右，然后剪取接穗，选取充实枝条，留2~3芽为一穗，将接穗的一端削成楔形，插入切好的砧木内，扎紧即可。

靠接：将要选作接穗与砧木的两枝植株，置于一处，选取可以靠近的两根粗细相当的枝条，在能靠拢的部位，接穗与砧木都削去长3~5厘米的一片，然后靠拢，对准形成层，使其削面密切结合并扎缚紧密。

芽接：多用T形芽接，即将枝条中部各饱满的侧芽，剪去叶片，保存叶柄，连同枝条的皮层削成芽片，长约2厘米，并稍带木质部（某些植物不带木质部，如月季）。将砧木的皮切一T形，并用芽接刀将另一端薄片的皮层挑开，将芽片插入，用塑料薄膜带扎紧，将芽及叶柄露出。

扦插繁殖

扦插繁殖即取植株营养器官的一部分，插入疏松、润湿的土壤或细沙中，利用其再生能力，使之生根抽枝，成为新植株。按取用器官的不同，又有枝插、根插、芽插和叶插之分。扦插时期，因植物的种类和性质而异，一般草本植物对于插条繁殖的适应性较大；除冬季严寒或夏季干旱地区不能进行露地扦插外，凡温暖地带及有温室或温床设备条件者，四季都可以扦插。木本植物的扦插时期，又可根据落叶树和常绿树而决定，一般分休眠期扦插和生长期扦插两类。

选择优良的采条母本和插材

作为采条母本的植株，要求具备品种优良，无病虫危害等条件，衰老的植株不宜选作采条母本。在同一植株上，插材要选择中上部、向阳充实的枝条，且节间较短、芽头饱满、枝叶粗壮。在同一枝条上，硬枝插选用枝条的中下部，因为中下部贮藏的养分较多。但树形规则的针叶树，如龙柏、雪松等，则以带顶芽的梢部为好，以后长出的扦插树干通直，形态美观。

正确进行插条处理

扦插应在剪取插条后立即进行，尤其是叶插，以免叶子萎蔫，影响生根。在秋末剪取的月季、木槿、凌霄等插条，由于没有具备立即扦插的温度条件，可以将插条剪好后，绑成捆用湿润沙埋在花盆里，放在室内温度保持 0 ~ 5℃ 的地方，冬季注意不要使沙子太干，等翌年早春再扦插。仙人掌肉质植物的插条，剪取后应放在通风处晾一周左右，待剪口处略有干缩时再扦插，否则容易腐烂。四季海棠、夹竹桃等，插条剪取后可先泡在清水中，等泡出根来即可直接栽入盆中。含水分较多的花卉植株插条，如洋绣球、毛叶秋海棠等，在插条下蘸一些草木灰，可防止扦插后腐烂。

仙人掌

选用适宜的扦插基质

除了水插外，插条均要插入一定基质中，基质的种类很多，有园土、培养土、山黄泥、兰花泥、砻糠灰、蛭石、河沙等，它们对环境要求是渗水性好，有一定的保水能力，升温容易，保温良好。对于较粗放的花卉，一般插入园土或培养土中，喜酸性土的花卉可插入山黄泥或兰花泥，生根较难的花木则宜插在砻糠灰、蛭石或河沙中。

蛭 石

蛭石是一种天然、无毒的矿物质，在高温作用下会膨胀的矿物。它是一种比较少见的矿物，属于硅酸盐。它的晶体结构为单斜晶系，从外形看上去像云母。蛭石是一定的花岗岩水合时产生的，一般与石棉同时产生。由于蛭石有离子交换的能力，它对土壤的营养有极大的作用。2000年世界的蛭石总产量超过50万吨。最主要的出产国是中国、南非、澳大利亚、津巴布韦和美国。

做好扦插后的管理工作

扦插后要加强管理，为插条创造良好的生根条件，一般花卉插条生根要求扦插土壤湿润、空气流通，可以扦插盆上或畦上盖玻璃板或塑料薄膜制成的罩子，以保持温度和湿度。罩子下面垫上小砖，使空气流入，夏季和初秋，白天应将扦插盆放在遮阴处，晚上放在露天的地方，早春、晚秋和冬季温度不够时，则可放在暖处或温室中，但必须注意温、湿度的调节。以后根据插条生根的快慢，逐步加强光照。

与种子繁殖相比，扦插繁殖有以下几方面的优势：

（1）扦插繁殖的新株，能够完全地保留母体植株的所有优势，而种子繁殖则新苗退化。例如种植葡萄为了防止退化，都是采用扦插繁殖的方法。

（2）扦插繁殖的新株成长得快，葡萄苗从扦插到结果要比种子繁殖快三到四年。

（3）有些不适合种子繁殖的作物，只能扦插繁殖。

压条繁殖

压条繁殖是使连在母株上的枝条形成不定根，然后再切离母株成为一个

扦插繁殖

新生个体的繁殖方法。压条时，为了中断来自叶和枝条上端的有机物如糖、生长素和其他物质向下输导，使这些物质积聚在处理的上部，供生根时利用，可进行环状剥皮。在环剥部位涂生长素可促进生根。

压条繁殖多用于茎节和节间容易自然生根，而扦插有不易生根的木本花卉。其基本方法是把母株枝条的一段刻伤埋入土中，生根后切离母株，使之成为独立的新植株。压条时间在温暖地区一年四季均可进行，北方多在春季进行。压条繁殖一般分为以下3种方法。

（1）普通压条法。

多用于枝条柔软而细长的藤本花卉，如迎春、金银花、凌霄等。压条时将母株外围弯曲呈弧形，把下弯的突出部分刻伤，埋入土中，再用钩子把下弯的部分固定，待其生根后即可剪离母株，另外移栽。

（2）堆土压条法。

适用于丛生性强、枝条较坚

迎　春

硬不易弯曲的落叶灌木，如红瑞木、榆叶梅、黄刺玫等。于初夏将其枝条的下部距地面约25厘米处进行环状剥皮约1厘米，然后在母株周围培土，将整个株丛的下半部分埋入土中，并保持土堆湿润。待其充分生根后到来年早春萌芽以前，刨开土堆，将枝条自基部剪离母株，分株移栽。

（3）高枝压条法。

用于枝条发根难又不易弯曲的常绿花木，如白兰、米兰、含笑等。一般在生长旺季进行，挑选发育充实的 2 年生枝条，在其适当部位进行环状剥皮，然后用塑料袋装入泥炭土、青苔等，包裹住枝条，浇透水，将袋口包扎固定，以后及时供水，保持培养土湿润。待枝条生根后自袋的下方剪离母体，去掉包扎物，带土栽入盆中，放置在阴凉处养护，待大量萌发新梢后再见全光。

对于一些比较柔软和容易离皮的花卉，采用高枝压条法，除对高枝压条部位采用环状剥皮外，还可采用拧枝，即用双手将被压部分扭曲，使高枝压条部

高枝压条法

位的韧皮部与木质部分离即可，在伤口涂抹一些生长激素，可促进生根。

◎ 组织培养

用组织培养的方法进行繁殖是一项先进技术，可用极少量的繁殖材料，繁殖大量的植株，并可得到去病毒的壮苗，这在某些花卉的商品生产中已成为极有效的繁殖手段。植物细胞具有全能性，根据这个理论，用植物的组织培养技术，可以完成植物的繁殖。植物组织培养的大致过程如下：在无菌的条件下，将植物器官或组织切下，放在适当的人工培养基上培养，这些器官或组织就会进行细胞分裂，形成新的组织。不过，这种组织没有发生细胞分化，在适当的光照、温度和一定的营养物质与激素等条件下，这部分细胞便开始分化，产生组织、器官，进而发育成一棵完整的植株。

知识小链接

器 官

器官是动物或植物的由不同的细胞和组织构成的结构，用来完成某些特定功能，并与其他分担共同功能的结构一起组成各个系统。植物的器官比较简单。被子植物有根、茎、叶、花、果实、种子六大器官，低等植物并不是都有这六大器官的。

植物的组织培养不仅取材少，培养周期短，繁殖率高，而且还便于自动化管理。这项技术已在果树和花卉的快速繁殖、培育无病毒植物等方面得到了广泛的应用。例如，长期进行无性繁殖的植物，体内往往积累大量的病毒，从而影响植物的产量和观赏价值，经研究发现，只有茎尖和根尖中不含有病毒，因此，人们利用茎尖进行组织培养，便得到了多种植物（如马铃薯、草莓、菊花）的无病毒株，取得可观的经济效益。

草 莓

试管育苗

迄今，全世界已有1000多种植物通过细胞培养或组织培养获得了植株，其中已有大批的农作物和花卉树木的培养技术进入了实用化，形成了商品化苗木输出工业。由于细胞培养和组织培养的过程一般是在玻璃试管中进行的，于是，由此而得的苗木被人们称为试管苗。

试管育苗也要经过一定的程序，首先是获取无菌的试管育苗的材料，诱导其在培养基上生长；其次，要实现育苗的继代繁殖，通过繁殖途径的选择、最适继代间隔时间的选择、培养基的选择来完成；然后是生根成苗；最后，就是将育成的苗移栽成活。

采用试管苗的无性繁殖法具有巨大的优势，可以使得植株快速、大量地繁殖。

目前试管育苗在许多方面得到了广泛的应用，首先是植物优良品种或稀有珍贵品种的快速繁殖。而这些树种用常规的种子繁殖或扦插繁殖均是比较困难、速度极慢的。许多国家利用试管育苗技术达到了快速繁殖珍贵树种的目的。

其次，用此技术繁殖植物，可避免病毒感染及其他污染。如已大面积推广应用的无病毒马铃薯繁殖技术，已获得巨大经济效益。在花卉繁育上，现在也大量采用组织培养法，由此而产生的无病毒试管花卉，已成为世界上花卉生产的主要发展方向。

无菌组织培养室

再者，用试管育苗技术繁殖农作物，可节省大量用于制种的作物。例如，在甘蔗生产上，每公顷地用于做种的甘蔗需要 7500～15000 千克，如果大面积推广试管苗，则相当于每公顷地增产 7500～15000 千克，效益相当可观。

试管育苗技术的发展极快，现在世界各地已有大量试管育苗工厂，尤其在花卉的生产上，形成了所谓的试管花卉工业，试管育苗技术与现代化设备与自动化管理技术的结合，将使种植业的可控程度大大提高。

试管苗移栽是组织培养过程的重要环节，这个工作环节做不好，就会前功尽弃。为了做好试管苗的移栽，应该选择合适的基质，并配合以相应的管理措施，才能确保整个组织培养工作的顺利完成。

试管苗由于是在无菌、有营养供给、适宜光照和温度近 100% 的相对湿度环境条件下生长的，因此在生理、形态等方面都与自然条件生长的小苗有很大的差异，所以必须通过炼苗，例如通过控水、减肥、增光、降温等措施，使它们逐渐地适应外界的环境，从而使生理、形态、组织上发生相应的变化，使之更适应自然环境，只有这样才能保证试管苗顺利移栽的成功。

从叶片上看，试管苗的角质层不发达，叶片通常没有表皮毛，或仅有较少的表皮毛，甚至叶片上出现了大量的水孔，而且气孔的数量、大小也往往超过普通苗。由此可知，试管苗更适应在高湿的环境中生长，当将它们移栽到试管外的环境时，试管苗的失水率会很高，非常容易死亡，因此为了改善试管苗的上述不良生理、形态特点，则必须经过与外界相适应的驯化处理，通常采取的措施有：对外界要增加湿度、减弱光照；对试管内要通透气体、增施二氧化碳肥料、逐步降低空气湿度等。

另外，对栽培驯化基质要进行灭菌是因为试管苗在无菌的环境中生长，对外界细菌、真菌的抵御能力极差。为了提高其成活率，在培养基质中可掺入 75% 的百菌清可湿性粉剂 200～500 倍液，以进行灭菌处理。

1. 移栽用基质和容器。

适合于栽种试管苗的基质要具备透气性、保湿性和一定的肥力，容易灭菌处理，并不利于杂菌滋生的特点，一般可选用珍珠岩、蛭石、沙子等。为了增加黏着力和一定的肥力，可配合草炭土或腐殖土。配时需按比例搭配，一般用珍珠岩、蛭石、草炭土或腐殖土，比例为 1:1:0.5，也可用沙子、草炭土或腐殖土，比

草炭土

例为 1:1，这些介质在使用前应高压灭菌，或烘烤来消灭其中的微生物。要根据不同植物的栽培习性来进行配制，这样才能获得满意的栽培效果。

2. 移栽前的准备。

移栽前可将培养物不开口移到自然光照下锻炼 2 ~ 3 天，让试管苗接受强光的照射，使其变得壮实起来，然后再开口练苗 1 ~ 2 天，经受较低湿度的处理，以适应将来自然湿度的条件。

3. 移栽和幼苗的管理。

从试管中取出发根的小苗，用自来水洗掉根部粘着的培养基，要全部除去，以防残留培养基滋生杂菌，但要轻轻除去，应避免造成伤根。移植时用一个筷子粗的竹签在基质中插一小孔，然后将小苗插入，注意幼苗较嫩，防止弄伤，栽后把苗周围的基质压实，栽前基质要浇透水，栽后轻浇薄水，再将苗移入高湿度的环境中，保证空气湿度达到 90% 以上。

知识小链接

草 炭 土

草炭土即泥炭，是沼泽发育过程中的产物。草炭土形成于第四纪冰川时期，由沼泽植物的残体，在多水的嫌气条件下，不能完全分解堆积而成，含有大量水分和未被彻底分解的植物残体、腐殖质以及一部分矿物质。草炭土有机质含量在 30% 以上，质地松软易于散碎，多呈棕色或黑色，具有可燃性和吸气性，是沼泽发展速度和发育程度的重要标志，是一种宝贵的自然资源。

试管育苗作为一种新技术，一旦为从事遗传、育种、栽培、园艺、林业、农业的科研工作者与生产者所掌握，无疑将会发挥巨大的作用。然而过高的成本，费工费时的操作与管理，对操作者的技术与经验的较高要求，均妨碍了该项新技术优势的发挥，致

康乃馨

使目前用试管育苗生产的植物仅有兰花、康乃馨、草莓、山楂、葡萄、菠萝、甘蔗、马铃薯等几十种植物。因此，试管育苗尚处于开发与应用推广同时并进的阶段。

🔾 有性生殖

由亲本产生的有性生殖细胞（配子），经过两性生殖细胞（如精子和卵细胞）的结合，成为受精卵，再由受精卵发育成为新的个体的生殖方式，叫有性生殖。

有性生殖是通过生殖细胞结合的生殖方式。通常生物的生活周期中包括二倍体时期与单倍体时期的交替。二倍体细胞借减数分裂产生单倍体细胞（雌雄配子或卵和精子）；单倍体细胞通过受精（核融合）形成新的二倍体细胞。这种有配子融合过程的有性生殖称为融合生殖。某些生物的配子可不经融合而单独发育为新个体，称无性生殖。

知识小链接

单倍体

染色体倍性是指细胞内同源染色体的数目，其中只有一组的称为"单套"或"单倍体"。需要注意的是，单倍体与一倍体（体细胞含一个染色体组的个体）有区别。有的单倍体生物的体细胞中不只含有一个染色体组。绝大多数生物为二倍体生物，其单倍体的体细胞中含一个染色体组，如果原物种本身为多倍体，那么它的单倍体的体细胞中含有的染色体组数一定多于一个。如四倍体水稻的单倍体含两个染色体组，六倍体小麦的单倍体含三个染色体组。

有性生殖发生的直接证据，最早见于澳大利亚中部的苦泉燧石中，在这里发现了植物减数分裂产生的四分孢子的化石。岩石的年龄约为 10 亿年，估

孢 子

　　孢子是生物所产生的一种有繁殖或休眠作用的细胞，能直接发育成新个体。孢子一般微小，单细胞。生物通过无性生殖产生的孢子叫"无性孢子"，通过有性生殖产生的孢子叫"有性孢子"，直接由营养细胞通过细胞壁加厚和积贮养料而能抵抗不良环境条件的孢子叫"厚垣孢子"、"休眠孢子"等。

计有性生殖实际出现还要早些，约在真核生物产生后不久。从动、植物生殖细胞的形成过程中均有复杂的减数分裂来看，有性生殖应起源于动、植物分化前，但这还只是一种推测。

　　有性生殖中基因组合的广泛变异能增加子代适应自然选择的能力。有性生殖产生的后代中随机组合的基因对物种可能有利，也可能不利，但至少会增加少数个体在难以预料和不断变化的环境中存活的机会，从而对物种有利。

　　有性生殖还能够促进有利突变在种群中的传播。如果一个物种有两个个体在不同的位点上发生了有利突变，在无性生殖的种群内，这两个突变体必将竞争，直到一个消灭为止，无法同时保留这两个有利的突变。但在有性生殖的种群内，通过交配与重组，可以使这两个有利的突变同时进入同一个体的基因组中，并且同时在种群中传播。

　　此外，进行有性生殖的物种，其生活周期中都有二倍体的阶段。二倍体的物种每一基因都有两份，有一份在机能上处于备用状态。如果这个备用的基因发生突变，成为有新的功能的基因，但此时新功能还是潜在的。通过自发的重复和有性生殖中的遗传重组，这个新基因可与原有基因先后排列，这样便产生一个新的基因。二倍体物种可以用这样的方法使其基因组不断丰富。

　　由于上述原因，有性生殖加速了进化的进程。在地球上生物进化的30余亿年中，前20余亿年生命停留在无性生殖阶段，进化缓慢，后10亿年左右进化速度明显加快。除了地球环境的变化（如含氧大气的出现等）外，有性生殖的发生与发展也是一个主要的原因。现存 150 余万种生物中，从细菌到高等动、植物，能进行有性生殖的种类占 98% 以上，就说明了这一点。

◎ 有性生殖的主要方式

单细胞生物有性生殖由个体直接进行，称接合生殖；多细胞生物及单细胞生物的群体则由特化的单倍体细胞，即配子，进行融合生殖或单性生殖。

1. 接合生殖。

（1）细菌的接合生殖。

两个菌体通过暂时形成的原生质桥单向的转移遗传信息。供体（雄体的部分染色体）可以转移到受体（雌体）的细胞中并导致基因重组。这是最原始的接合生殖。

（2）原生动物的接合生殖。

多见于纤毛虫类，按接合

趣味点击　　　草履虫

　　草履虫是一种身体很小，圆筒形的原生动物，它由一个细胞构成，是单细胞动物，雌雄同体。最常见的是尾草履虫。体长只有 180～280 微米。它和变形虫的寿命最短，以小时来计算，寿命时间为一昼夜左右。因为它身体形状从平面角度看上去像一只倒放的草鞋底而叫草履虫。

的双方，即接合子的形态又可分为 2 类：①同配接合：接合子的形态相同。接合时双方暂时融合，小核在减数分裂后进行交换，相互受精后分开，如尾草履虫。接合双方紧靠在一起，口部融合，然后大核消失，小核分裂二次，成 4 个，其中 3 个退化，一个再经一次分裂成为一个动核和一个静核。此时接合个体互相交换动核，然后静核与换来的动核融合。接着虫体分开，每个个体的融合核分裂 3 次形成 8 个核，其中 4 个成大核，3 个退化。此后大核不分裂，剩下的小核与虫体同时分裂两次而成为 4 个新的子体。②异配接合：见于缘毛目类纤毛虫。在进行接合生殖前，虫体先经一次不均等分裂，除小核外大核和虫体都分成大、小两部分，成为大接合子和小接合子。小接合子找到大接合子后即牢固附着在其上开始接合。在接合过程中，合子核只在大接合子中形成，小接合子为大接合子吸收，如钟虫。

2. 配子生殖。

配子是由营养个体所产生的生殖细胞，需两两配合后才能继续其生活史，如在一定时间内找不到适当的配子便死亡。按配子的大小、形状和性表现可分为3种类型：

（1）同配生殖。

配子的形态和机能完全相同，没有性的区分。例如衣藻属中的大多数种类。

（2）异配生殖有2种类型。

①生理的异配生殖，参加结合的配子形态上并无区别，但交配型不同，在相同交配型的配子间不发生结合，只有不同交配型的配子才能结合，且具有种的特异性，如衣藻属中的少数种类。这是异配生殖中最原始的类型。②形态的异配生殖，参加结合的配子形状相同，但大小和性表现不同。大的不活泼，为雌配子；小的活泼，为雄配子，这说明已开始了性在形态上的分化。

配子生殖的进化趋势是由同配到异配，最后发展为卵配生殖。

（3）卵配生殖。配子生殖的进化趋势是由同配到异配，最后发展为卵配生殖。在原生动物和单细胞植物中，所有个体或营养细胞都可能直接转变为配子或产生配子，而在高等动物中，生殖细胞是由特殊的性腺产生的。

有性生殖中除精卵结合外，还有其他形式。

孤雌生殖。有些动物的生殖不需雄体的参加，只是雌体产生卵。此卵不与精子结合，即可发育成新的个体，实际上这是单性生殖。其卵发育成的子代一般均为雌性个体。少数动物至今只有雌性个体，尚未发现雄性个体的存在，一生中只进行孤雌生殖，如某些轮虫。有些动物的生殖是两性生殖与孤雌生殖并存，如蜜蜂，其卵不受精即发育成雄蜂，卵受精则发育成雌性的工蜂和蜂王。有的动物在一生中有一段时期进行两性生殖，另一时期进行孤雌生殖，如蚜虫，在其生活史中的大多数时间进行孤雌生殖，只有到秋末时才进行两性生殖，产生的卵与精子结合后休眠越冬，次年再发育成雌性蚜虫。

幼体生殖。动物的幼体生长发育成熟后，即形成成体，其生殖器官才能产生精子或卵，进行有性生殖，但某些动物的幼体虽未发育为成体，即未达性成熟，在幼体阶段就可进行生殖，繁殖后代，称为幼体生殖。幼体生殖产生的不是卵，而是幼体，因此可以认为是胎生的一种形式。幼体生殖的母体在进行生殖时不需雄体参加，即卵不与精子结合，因此幼体生殖也可看成是孤雌生殖的一种类型，如瘿蚊除夏季进行两性生殖外，其余季节都进行幼体生殖。

蚜虫

多胚生殖。一个卵可产生两个或更多的胚胎，发育成多个个体的生殖方式，称为多胚生殖。此种生殖是卵核分裂一次，以后就形成两个胚胎，但大多数种类的卵核都经过多次分裂，形成许多子核，多者可产生 1600～1800 个，如广腹细蜂的一个卵能产生 15～20 个胚胎，小蜂可产生 2000 个胚胎。

无性生殖和有性生殖的根本

你知道吗

蜂　王

蜂王也叫"母蜂"、"蜂后"，是生殖器官发育完全的雌蜂，由受精卵发育而成，是蜜蜂群体中唯一能正常产卵的雌性蜂，通常每个蜂群只有 1 只蜂王。蜂王的寿命是 3～5 年。由于生殖率逐渐下降，在养蜂业中常被人工淘汰。体较工蜂长 1/3，腹部较长，末端有螫针，腹下无蜡腺，翅仅覆盖腹部的一半，足不如工蜂粗壮，后足无花粉筐。

小 蜂

区别是：前者不经过两性生殖细胞的结合，由母体直接产生新个体；后者要经过两性生殖细胞的结合，成为合子，由合子发育成新个体。有性生殖与无性生殖相比具有更大的生活力和变异性。从进化的观点看，生物的生殖方式是由无性生殖向有性生殖的过渡。

◎ 植物的有性生殖

现有的种子植物分为裸子植物和被子植物两大类。实际是指与以花为分类标准的分类群的显花植物为同一范围，但由于蕨类植物中也有把孢子叶球作为花的，所以今天通常都采用种子植物这一名称。然而，化石蕨类植物中少数也具有种子的，为了有所区别，恩格勒把裸子植物、被子植物称为有

种子植物

胚有管植物，相反地把苔藓、蕨类植物称为有胚无管植物，但这一名称尚未普及。

裸子植物和被子植物特有的繁殖体由胚珠经过传粉受精形成。种子一般由种皮、胚和胚乳三部分组成，有的植物成熟的种子只有种皮和胚两部分。种子的形成使幼小的孢子体早胚得到母体的保护，并像哺乳动物的胎儿那样得到充足的养料。种子还有种种适于传播或抵抗不良条件的结构，为植物的

种族延续创造了良好的条件，所以在植物的系统发育过程中，种子植物能够代替蕨类植物取得优势地位。

所有的种子植物都有两个基本特征：体内有维管组织——韧皮部和木质部；能产生种子并用种子繁殖。裸子植物的种子裸露着，其外层没有果皮包被；被子植物种子的外层有果皮包被。

拓展阅读

蕨类植物

蕨类植物是植物中主要的一类，是高等植物中比较低级的一门，也是最原始的维管植物，大都为草本，少数为木本。蕨类植物孢子体发达，有根、茎、叶之分，不具花，以孢子繁殖，世代交替明显，无性世代占优势。通常可分为水韭、松叶蕨、石松、木贼和真蕨五纲，大多分布于长江以南各省区。

种子的胚、胚乳和种皮三部分，是分别由受精卵（合子）、受精的极核和珠被发育而成。大多数植物的珠心部分，在种子形成的过程中被吸收利用而消失，也有少数种类的珠心继续发育，直到种子的成熟，成为种子的外胚乳。虽然不同植物种子的大小、形状，以及内部的结构颇有差异，但它们的发育过程却是大同小异的。

胚的发育。种子里的胚是由卵经过受精后的合子发育来的，合子是胚的第一个细胞。卵细胞受精后，便产生一层纤维素的细胞壁，进入休眠状态。

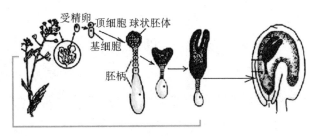

种子的形成

合子是一个高度极性化的细胞，它的第一次分裂通常是横向的（极少数例外），成为两个细胞，一个靠近珠孔端，称为基细胞；另一个远珠孔的称为顶端细胞。顶端细胞将成为胚的前身，而基细胞只具营养性不具胚性，以后成为胚柄。两细胞间有胞间连丝相通。这种细胞的异质性，是由合子的生理极性所决定的。胚在没有出现分化前的阶段，称原胚。由原胚发展为胚的过程，在双子叶植物和单子叶植物之间是有差异的。

（1）双子叶植物胚的发育。

双子叶植物胚的发育，可以荠菜为例说明。合子经短暂休眠后、不均等地横向油裂为基细胞和顶端细胞。基细胞略大，经连续横向分裂，形成一列由6~10个细胞组成的胚柄。顶端细胞先要经过二次纵分裂（第二次的分裂面与第一次的垂直），成为4个细胞，即四分体时期，然后各个细胞再横向分裂一次，成为8个细胞的球状体，即八分体时期。八分体的各细胞先进行一次平周分裂，再经过各个方向的连续分裂，成为一团组织。以上各个时期都属原胚阶段。以后由于这团组织的顶端两侧分裂生长较快，形成两个突起，迅速发育，成为2片子叶，又在子叶间的凹陷部分逐渐分化出胚芽。与此同时，球形胚体下方的胚柄顶端一个细胞，即胚根原细胞，和球形胚体的基部细胞也不断分裂生长，一起分化为胚根。胚根与子叶间的部分即为胚轴。不久，由于细胞的横向分裂，使子叶和胚轴延长，而胚轴和子叶由于空间地位的限制也弯曲呈马蹄形。至此，一个完整的胚体已经形成，胚柄也就退化消失了。

（2）单子叶植物胚的发育。

单子叶植物胚的发育，可以禾本科的小麦为例来说明。小麦胚的发育，与双子叶植物胚的发育情况有共同之处，但也有区别。合子的第一次分裂是斜向的，分为2个细胞，接着2个细胞分别各自进行一次斜向的分裂，成为4个细胞的原胚。以后，4个细胞又各自不断地从各个方向分裂，增大了胚体的体积。到16~32细胞时期，胚呈现棍棒状，上部膨大，为胚体的前身，下部细长，分化为胚柄，整个胚体周围由一层原表皮层细胞所包围。

到小麦的胚体已基本上发育形成时，在结构上它包括一张盾片（子叶），位于胚的内侧，与胚乳相贴近。茎顶的生长点以及第一片真叶原基合成胚芽，外面有胚芽鞘包被。相对于胚芽的一端是胚根，外有胚根鞘包被。在与盾片相对的一面，可以见到外胚叶的突起。有的禾本科植物，如玉米的胚不存在外胚叶。

拓展阅读

禾本科植物

禾本科是种子植物中最有经济价值的大科，是人类粮食和牲畜饲料的主要来源，也是加工淀粉、制糖、酿酒、造纸、编织和建筑方面的重要原料。除了荞麦以外，几乎所有的粮食都是禾本科植物，如小麦、稻米、玉米、大麦、高粱等。

胚乳是被子植物的种子贮藏养料的部分，由两个极核受精后发育而成，所以是三核融合的产物。极核受精后，不经休眠，就在中央细胞发育成胚乳。胚乳的发育，一般有核型、细胞型和沼生目型三种方式。以核型方式最为普遍，而沼生目型比较少见，只出现在沼生目植物的胚乳发育中。

核型胚乳的发育，受精极核的第一次分裂，以及其后一段时期的核分裂，不伴随细胞壁的形成，各个细胞核保留游离状态，分布在同一细胞质中，这一时期称为游离核的形成期。游离核的数目常随植物种类而异，随着核数的增加，核和原生质逐渐由于中央液泡的出现，而被挤向胚囊的四周，在胚囊的珠孔端和合点端较为密集，而在胚囊的侧方仅分布呈一薄层。核的分裂以有丝分裂方式进行为多，也有少数出现无丝分裂，特别是在合点端分布的核。胚乳核分裂进行到一定阶段后，即向细胞时期过渡，这时在游离核之间形成细胞壁，进行细胞质的分隔，即形成胚乳细胞，整个组织称为胚乳。单子叶植物和多数双子叶植物属于这一类型。

细胞质

细胞质又称胞浆，是由细胞质基质、内膜系统、细胞骨架和包涵物组成。细胞质在生活状态下为透明的胶状物。基质指细胞质内呈液态的部分，是细胞质的基本成分，主要含有多种可溶性酶、糖、无机盐和水等。细胞器是分布于细胞质内、具有一定形态、在细胞生理活动中起重要作用的结构，包括线粒体、叶绿体、内质网、内网器、高尔基体、溶酶体、微丝、微管、中心粒等。

人 参

药用植物用种子繁殖最为普遍，如人参、西洋参、黄连、当归等，具有繁殖技术简便，繁殖系数大，利于引种驯化和新品种培育等特点。但是，种子繁殖的后代容易产生变异，开花结实较迟，尤其是木本药用植物，种子繁殖所需年限也长。

种子是一个处在休眠期的有生命的活体，种子休眠受内在或外在因素的限制，一时不能发芽或发芽困难的现象，是植物对外界条件长期形成的一种适应性。种子收获后，在适宜发芽的条件下由于未通过生理后熟阶段，暂时不能发芽的现象称为生理休眠；由于种子得不到发芽所需的外界条件，暂时不能发芽的现象称为强迫休眠。生理休眠的原因，一是胚尚未成熟；二是胚虽在形态上发育完全，但贮藏的物质还没有转变为胚发育所能利用的状态；三是胚的分化已完成，但胚细胞原生质出现孤离现象，在原生质外包有一层脂类物质，使透性降低。上述三种情况均需经过种子自身的后熟作用才能萌发。另外还有两种情况：一是在果实、种皮或胚乳中存在抑制发芽的物质，如氰酸、氮、植物碱、有机酸、乙醛等，阻碍胚的萌发；二是种皮太厚、太硬或有蜡质，透水、透气性能差，影响种子萌发。

种子休眠在生产实践上有重要意义，常可应用植物激素，以及各种物理、化学方法来促使种子发芽。

当归的原生植物

种子是有一定寿命的，种子的寿命就是指种子的活力，即在一定的环境条件下能保持的最长年限。各种药用植物种子的寿命差异很大，寿命短的只有几日或不超过 1 年。种子寿命与贮藏条件有直接的关系，适宜的贮藏条件可以延长种子的寿命。但是，生产上还是采用新鲜的种子，因隔年的种子发芽率均有降低。

种子的萌芽：

（1）吸胀干种子大量吸水，鲜重急剧增加的阶段称为吸胀。种子吸水后，种皮膨胀软化，种子与外界气体交换得

种子的萌发

以进行，同时通过水合作用，原生质由不活跃的凝胶状态变为活跃的溶胶状

态，这就为第二阶段的各种转化提供了条件。

种子萌发的过程

（2）鲜重增加的停顿期。从外表看种子的表现是静止，没有变化，但种子内部的生理活动极为活跃，进行着种子萌发最重要的生理过程。

（3）幼根突破种皮。由于根和茎的生长，净重再次增加，幼苗出土生长。种子须在一定的外界条件作用下才能萌发，萌发所需的条件，主要是水分、氧气和温度。

与种子的出现有密切关系的是花粉管的产生，它将精子送到卵旁，这样在受精这个十分重要的环节上，就不再受环境——水的限制。它们的孢子体发达，高度分化，并占绝对优势；相反配子体则极为简化，不能离开孢子体而独立生活。种子最早产生于裸子植物中的种子蕨目，其中最原始的化石种子蕨植物在上泥盆纪地层中发现。种子植物和蕨类植物同具有世代交替。

蒲公英的瘦果，成熟时冠毛展开，像一把降落伞，随风飘扬，把种子散播到远方。成熟的蒲公英种子没有休眠期，所以从初春到盛夏都可进行播种。在晴朗的时候，将种子与土混合，浇透，曝晒至土壤微润，再适当浇水保湿，第二天皮将变绿，几小时后即可生根发芽。

蒲公英

苍耳这种植物你可能已经见过，每当秋天从野外郊游归来，它的果实会挂在你的衣裤上，仔细看它的刺毛顶端带有倒钩，可以牢牢钩住，不易脱落，在不知不觉中你已经为它的种子传播尽了义务。类似苍耳这样传播种子的植物还很多，在草原牧区，这种植物对毛纺织业是一大害，羊毛中夹有这种植物的刺毛会大大降低成品的质量，以至毛纺工业有检毛刺的工序。

喷瓜属于葫芦科的植物，已经结了一个带毛刺的小"瓜"，你可知道此"瓜"的奥秘吗？当瓜成熟时，稍有触动此"瓜"便会脱落，并从顶端将"瓜"内的种子连同黏液一起喷射出去，射程可达 5 米以外，喷瓜也因此而得名。大自然中，喷瓜传播种子的本领已经达到了登峰造极的水平，小鸟可以帮助种子

喷　瓜

的传播，小鸟把种子吞到肚子里，后经鸟粪排出，种子就可以传播到新的地方。

◎ 动物的有性生殖

爬行动物和鸟类的繁殖

雄性和雌性鸟以及爬行动物都有泄殖腔，排出卵子、精子和排泄物。交配是通过将泄殖腔的唇压在一起进行的，在此期间雄性将精子转入雌性体内。雌性将孕育了年轻生命的带羊膜的蛋产下。但是有些种类，包括多数涉禽和鸵鸟，有一个类似哺乳动物阴茎的交接器官。

哺乳动物的生殖

哺乳动物的繁殖方式属于有性生殖，极少数的物种，如兔子还具备在一

鸵鸟蛋

定条件下孤雌生殖的能力。哺乳动物的繁殖类型有：卵生、有袋类和有胎盘哺乳动物三种。对于胎生哺乳动物，后代出生时为幼体——带有性器官的完整个体，但性器官功能尚未健全。几个月或几年后，性器官发育成熟，个体开始性成熟。多数雌性哺乳动物只在特定周期可受孕，在那些时候称它们为"发情"。这时个体已经可以交配。单独的雄性和雌性哺乳动物接触并开始交配。对于多数哺乳动物，雄性和雌性在成年生命中会交换性伴侣。

求偶和交配。大多数哺乳动物，如海豹等，会在每年的一段固定的时期（繁殖季节）发情并聚集起来进行繁殖活动，这是为了待后代出生时有一个气候和食料更为适合的环境。在繁殖季节的雌性和雄性都会以声音、气味、外貌和行为等方式发出求偶信号来通知对方自己已经进入繁殖状态。它们通过观察求偶信号、外观、繁殖竞争中的表现等方式来选择最佳配偶进行交配。

受孕和生产。哺乳动物的受精在体内进行，交配后雄性的精子进入雌性的体内，待雌性排卵后与其结合成受精卵。根据幼体的生产和早期发育方式可将哺乳动物以繁殖方式分成卵生和胎生，而胎生又有有袋类和胎盘类两种方式。无论生产方式如何，哺乳动物的母亲都会给出生后的幼体哺乳，直到幼体成长至可以单独取食乳汁以外的食物存活。

许多大型哺乳动物一般只会生产少量后代，通过长时间对后代的小心抚育来提高后代的存活概率。而老鼠和兔子等小型哺乳动物一年就可以繁殖2~3代，如果繁殖的幼体全部存活将超过1000只，它们通过这样的快速繁殖来作为物种的一种自我防御方式，提高最终的生存率。澳大利亚本没有兔子，后来欧洲的殖民者带来了 24 只兔子，在意外野化后现已成为横扫全大陆的入侵物种。

泄殖腔

　　泄殖腔在动物解剖学中指在某些动物种类背后作为肠道、尿道及产道的出口的一个开口。泄殖腔一般存在于脊椎动物中的两栖类、爬虫类、鸟类及哺乳类的单孔目。上述动物直肠末端较其他脊椎动物的直肠大，并成为动物排尿、排粪及产卵的出口，所以称之为泄殖腔。

　　卵生哺乳动物。目前尚存的卵生哺乳动物只有单孔目一类。顾名思义，它们的消化道排泄和交配、产卵等繁殖活动都是通过一个单一的开口（泄殖腔）进行的。卵生哺乳动物具有双子宫，它们无法在体内产生发育成形的幼体。雌性受精后产下卵并将其孵化，幼体在卵

鸭嘴兽

内逐渐发育成形并最终孵化，孵化后幼仔吸吮母亲分泌的乳汁长大。单孔目只包含五个不同物种，分布在东南亚和澳大利亚。其中一种是鸭嘴兽，另外四种则是针鼹。针鼹具有育儿袋，它们把待孵化的卵和孵化后的幼体放在育儿袋中。

　　有袋类。有袋类的最大特征是雌性在腹部有一个育儿袋，这个袋可以向前（袋鼠）或者向后开口（树袋熊）。有袋类的雌性繁殖系统具有双阴道和双子宫。幼体出生时会暂时在双阴道之间形成一条生殖道。与有胎盘类相比，幼体在发育的很早期（在子宫中约一个月）就出生，出生时非常小，体表裸露无毛，又聋又瞎。幼体出生后依靠嗅觉爬行到母体的育儿袋中，靠乳头分

泌的乳汁继续发育。稍微长大后的幼仔可以离开育儿袋很短一段时间。有袋类有 292 个不同物种。

有胎盘类。除了单孔和有袋类外的所有哺乳动物都是有胎盘的。胎盘是在子宫中内层内陷形成的处在幼体与母体之间的组织，通过脐带中的血管与幼体连接。幼体在母体的子宫中能通过胎盘吸收营养，并排出废物，以此使幼体能进一步发育。实际上，有袋类的母体中也有初级的胎盘。在子宫中幼体被羊水包围浸泡，为其提供缓冲，免受撞击和摇晃的伤害。

羊水

所谓羊水，是指怀孕时子宫羊膜腔内的液体。在整个怀孕过程中，它是维持胎儿生命所不可缺少的重要成分。在胎儿的不同发育阶段，羊水的来源也各不相同。在妊娠初期，羊水主要来自胚胎的血浆成分；之后，随着胚胎的器官开始成熟发育，其他诸如胎儿的尿液、呼吸系统、胃肠道、脐带、胎盘表面等，也都成为羊水的来源。

幼体出生时，大多数是先露出头部，而鲸等则是先露出尾巴，以流线型的身体滑出产道。出生前，幼体在子宫中通过胎盘吸收氧，故无需呼吸，但出生后胎盘与子宫脱离，幼体马上就需要呼吸到空气。在水中分娩的哺乳动物，如海豚、鲸等会由母亲或其他成体托到水面进行第一次呼吸。一些以有蹄类为主的哺乳动物，如羚羊的幼仔出生后几分钟就可以行走和奔跑，因为它们一旦出生就暴露在随时会被捕食的环境中，而其他的种类则会把后代产在较为安全的巢内。在巢中出生的幼体的发育程度要低一些，许多都是又聋又瞎又没毛，不能自如行动。

抚育后代。哺乳动物的双亲抚育后代的时间较长，这在其他动物中比较少见。幼体出生后，几周甚至几年内都得依赖母亲分泌的乳汁来生存与发育，这段时间叫哺乳期。幼体在成长到可以自立之前都受到亲代的仔细照料，尽可能被安排在安全的环境中。抚育后代的责任一般由雌性承担，但一些哺乳动物的雄性甚至整个社群的成员也会共同承担起抚育的责任。亲代照料下一代的时间根据物种有很大区别。兔子和老鼠的照料期只有几星期，而在象、猿和人类中这段时间可以长达 10 年以上。幼体在被照料的时间里，可以有较长的童年期来观察、学习同类的行为，通过玩耍

羚　羊

增加体验，锻炼体魄，为日后独立时增加存活的可能性。

基本小知识 🖱

哺乳动物

哺乳动物是动物世界中形态结构最高等、生理机能最完善的动物。与其他动物相比，哺乳动物最突出的特征在于其幼仔由母体分泌的乳汁喂养长大。哺乳动物都长有皮毛，以保持体温的恒定，适应各种复杂的生存环境；哺乳动物具有比较发达的大脑，因而能产生比其他动物更为复杂的行为，并能不断地改变自己的行为，以适应外界环境的变化。

◆ 人类的生殖

◎ 女性生殖系统

女性内生殖器包括阴道、子宫、输卵管及卵巢。

（1）阴道。

阴道位于真骨盆下部的中央，为性交器官及月经血排出与胎儿娩出的通道。阴道是一条前后略扁的肌性管道，上端包围子宫颈，环绕子宫颈周围的

部分称阴道穹隆，可分为前、后、左、右四部分，后穹隆较深，其顶端即子宫直肠陷凹，是腹腔的最低位置，后穹隆部是性交后精液积聚的主要部位，并称之为阴道池，有利于精子进入子宫腔。阴道下端开口于阴道前庭后部，前壁与膀胱和尿道相邻，后壁与直肠贴近，即阴道在膀胱、尿道与直肠之间。

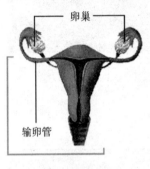

子　宫

（2）子宫。

子宫位于骨盆腔中央，呈倒置的梨形，前面扁平，后面稍突出。子宫上部较宽，称子宫体，其上端隆起突出的部分，叫子宫底，子宫底两侧为子宫角，与输卵管相通。子宫的下部较窄，呈圆柱状，称子宫颈。

子宫为一个空腔器官，腔内覆盖有黏膜，称子宫内膜，从青春期到更年期，子宫内膜受卵巢激素的影响，有周期性的变化并产生月经。性交时，子宫为精子到达输卵管的通道。受孕后，子宫为胚胎发育、成长的场所。分娩时，子宫收缩，使胎儿及其附属物娩出。

（3）输卵管。

输卵管为一对细长而弯曲的管道，左右各一个，位于子宫两侧，内侧与子宫角相通连，外端游离，而与卵巢接近。输卵管为卵子与精子相遇的场所，受精后的孕卵由输卵管向子宫腔运行。

输卵管黏膜受女性激素的影响，也有周期性的组织学变化，但不如子宫内膜明显。此外，在排卵期间，输卵管液中糖原含量

你知道吗

更年期

更年期，对女性来说，是指卵巢功能从旺盛状态逐渐衰退到完全消失的一个过渡时期，包括绝经和绝经前后的一段时间。对男性来说，是指 50 ~ 60 岁这一阶段。更年期易发生浑身燥热、眩晕、心悸，眼前有黑点或四肢发凉等症状，需要特别注意保养。

迅速增加，从而为精子提供足够的能量。

（4）卵巢。

卵巢为一对扁椭圆形的性腺器官，其主要作用是产生卵子和激素，从而使女子具备正常的生理特征和生育能力。

◎ 男性生殖系统

男性生殖系统包括内生殖器和外生殖器两个部分。

内生殖器由生殖腺（睾丸）、输精管道（附睾、输精管、射精管和尿道）和附属腺（精囊腺、前列腺、尿道球腺）组成。外生殖器包括阴囊和阴茎。

1. 生殖腺（睾丸）。

睾丸位于阴囊内，左右各一个。扁椭圆体，分上下端，内外面，前后缘。表面包被致密结缔组织叫白膜。在睾丸后缘，白膜增厚并突入睾丸实质内形成放射状的小隔，把睾丸实质分隔成许多锥体形的睾丸小叶，每个小叶内含2～3条曲细精管。曲细精管之间的结缔组织内有间质细胞，可分泌男性激素。曲细精管在睾丸小叶的尖端处会合成直细精管再互相交织成网，最后在睾丸后缘发出10多条输出小管进入附睾。

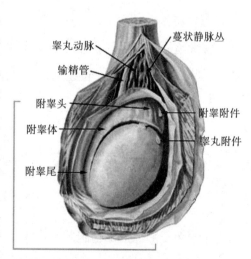

睾丸动脉　蔓状静脉丛
输精管
附睾头　　　　附睾附件
附睾体　　　　睾丸附件
附睾尾

睾　丸

睾丸功能：睾丸具有产生精子和分泌雄性激素的双重功能。

2. 附睾、输精管、射精管和精索。

（1）附睾。

附睾紧贴睾丸的上端和后缘。头部由输出小管组成，输出小管的末端连接一条附睾管。

功能：①为精子生长成熟提供营养：附睾管壁上皮分泌物→某些激素、酶、特异物质→为精子生长提供营养；②贮存精子：精子在此贮存、发育成熟并具有活力。

（2）输精管。

输精管长约40厘米，呈紧硬圆索状。输精管行程较长，从阴囊到外部皮下，再通过腹股沟管入腹腔和盆腔，在膀胱底的后面精囊腺的内侧，膨大形成输精管壶腹，其末端变细，与精囊腺的排泄管合成射精管。

（3）射精管。

射精管长约2厘米，开口于尿道前列腺部。

（4）精索。

精索是一对扁圆形索条，由睾丸上端延至腹股沟管内口。它由输精管、睾丸动脉、蔓状静脉丛、神经丛、淋巴管等外包3层筋膜构成。

3. 附属腺。

（1）精囊腺。

扁椭圆形囊状器官，位于膀胱底之后，输精管壶腹的外侧，其排泄管与输精管末端合成射精管。

（2）前列腺。

①呈栗子形，位于膀胱底和尿生殖膈之间，分为底、体、尖。体后面有一纵生浅沟为前列腺沟，内部有尿道穿过。②功能：分泌一种含较多草酸盐和酸性磷酸酶的乳状碱性液体，称为前列腺液。其作用是可以中和射精后精子遇到的酸性液体，从而保证精子的活动和受精能力。前列腺液是精浆的重要成分。③内分泌作用：前列腺还可以分泌激素，称之为前列腺素，具有运送精子、卵子和影响子宫运动等功能。

（3）尿道球腺。

尿道球腺是埋藏在尿生殖膈内，开口于尿道海绵体部的起始部。功能：

分泌蛋清样碱性液体，排入尿道球部，参与精液组成。

4. 外生殖器。

（1）阴囊。

由皮肤构成的囊。皮下组织内含有大量平滑肌纤维，叫肉膜，肉膜在正中线上形成阴囊中隔将两侧睾丸和附睾隔开。阴囊内低于体温，对精子发育和生存有重要意义。

（2）阴茎。

可分为阴茎头、阴茎体和阴茎根三部分，头体部间有环形冠状沟。

5. 男性尿道。

男性尿道既是排尿管道又是排精管道。

◎ 生殖过程

生物要传宗接代，就必须进行生殖，多数高等生物的生殖均是有性生殖，即由来自父方的一个细胞——精子和来自母方的另一个细胞——卵子结合之后形成受精卵，然后逐渐发育成一个小个体。下面我们以人为例，简单地介绍一下生殖和发育的过程。

精　子

精子是男性成熟的生殖细胞。精子的产生部位是睾丸，它是由许多小管构成的器官，精子是由精原细胞发育而来的，这些细胞位于曲精管的基膜上，不断地进行有丝分裂，有的细胞会进入初级精母细胞时期。初级精母细胞经过一段时期的静止之后开始生长增大，进入减数分裂阶段，第一次分裂往往经历很

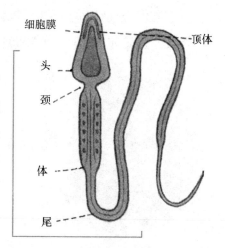

精　子

长时间，染色体形状发生一系列变化，最后同源染色体分离，染色体数目减半，形成两个细胞称为次级精母细胞，这种细胞存在时间很短，很快就分裂成精子细胞，精子细胞经过一系列变化就形成成熟的精子。

精子像一条尾巴极长的蝌蚪，由头部、颈部和尾部3部分构成。头部由细胞核和顶体构成，核中主要是染色体，顶体则是一种和精子入卵有关的细胞器；颈部很短，有两个中心粒，起着连接尾部和头部的作用；尾部极长，是精子的运动器官。

你知道吗

顶 体

精子头的顶端特化的小泡，叫顶体，它是由高尔基体小泡发育而来。顶体含有各种水解酶类，包括酸性磷酸酶、蛋白水解酶、透明质酸酶等。实际上，顶体是一种特化的溶酶体。

卵 子

卵子是由我们通常所说的女性性腺——卵巢产生的，直径约为0.2毫米。卵巢的主要功能除分泌女性必需的性激素外，就是产生卵子。在性成熟以前，卵巢中有许多卵原细胞，和其他细胞混在一起。进入成熟期之后，卵原细胞发育成初级卵母细胞，卵母细胞包裹在原始卵泡中，在性激素的影响下，每月只有1个原始卵泡成熟，成熟的卵子再从卵巢排出到腹腔。

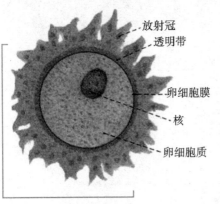

放射冠
透明带
卵细胞膜
核
卵细胞质

卵 子

一个卵子排出后约可存活48小时，在这48小时内等待着与精子相遇、结合。若卵子排出后由于多种原因不能与精子相遇形成受精卵，便在48～72小时后自然死亡。失去这次受精的机会，就要等到1个月后另一个卵子成熟并被排出，重复同样的过程。左右两个卵巢通常是轮流排卵，少数情况下能同时排出 2 个或 2 个以上的卵子。如果分别与精子相结合，就出现了双卵双胞胎和多卵多胞胎。

受　精

受精是卵子和精子融合为一个合子的过程。

正常的受精过程由两个方面的因素决定：①精子获得穿过卵子细胞外面层层防护的能力；②卵子获得受精后启动发育的能力。精子在雄性系统的成熟过程伴随着一系列的有利于受精的形态结构的变化。这些特征性的结构包括：精子有一条长长的尾巴，能够驱使精子向卵子接近，为精子的前进提供能量；精子的流线型体型；精子内部贮存的打开卵子大门的工具——各种水解酶类。

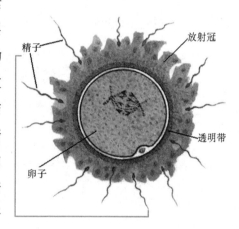

受　精

受精的过程就像是一场精子与卵子的战役。精子为攻方，卵子为守方。精子要攻破卵子这个堡垒实在是不容易，因为卵子的外面设置了防护层：第一道防护层是卵泡细胞，它是卵子的卫兵，称为放射冠；第二道防护层是卵子的"城墙"，称为透明带；第三道防护层便是环绕着卵子的"大峡谷"，称为卵周隙。

那么，精子是怎样攻克卵子这个堡垒的呢？首先是精子采取以多胜少的战术。进攻一个卵子就动用上亿的兵力。由于精子招募的大多都是新兵，因此需要先学会打仗的本领，强化战前的意识，这种精子获得受精能力的过程称为获能。这一过程非常关键，如果没有，精子就会缺乏受精能力，卵子也就不会受精。一切准备就绪后，亿万大军浩浩荡荡地向卵子进军，先是将卵子的卫兵冲散，接着便到了防护墙。精子便拿出了前面所说的打开卵子大门的工具——各种水解酶。这些酶就好像炸弹一样将卵子的第二道防护层——透明带炸开。经过这两关，精子已损伤无数，大部分失去了作战的能力，只有少部分还在顽强作战。最后的一关便是飞跃"大峡谷"。然而这一关却很少有精子能闯过。当精子中最勇敢的一个跃过第三道防护层时，卵子的机构开始发生反应，即把卵周隙加宽，这样后面的精子再也不能靠近卵子了，被隔到了外面。剩余的这些精子由于劳累和饥饿而死掉。穿过"大峡谷"——卵周隙的那个精子则与卵子结合，完成受精过程。

知识小链接

水解酶

水解酶是催化水解反应的一类酶的总称（如胰蛋白酶就是水解多肽链的一种水解酶），也可以说它们是一类特殊的转移酶，用水作为被转移基团的受体。

卵裂和发育

受精几十小时之后，受精卵开始进行分裂，先分裂成一大一小两个球，然后大的先分裂，成为 3 个分裂球。此后小的再分裂，当分裂到 16 个细胞时，细胞团中间出现裂腔，一部分细胞逐渐变为扁平，围在腔周围，称为滋胚层，另一部分仍聚集成团，称为内胚团。这时候的胚胎称为胚泡，在发育分期上称为囊胚期。

拓展阅读

着 床

着床是胎生哺乳类动物的早期胚胎和母体子宫壁结合，从而建立母子间结构上的联系以实现物质交换的过程。着床后的胚胎摄取母体血液营养继续发育。着床是母子双方有准备，相互配合的结合过程。

此时，母体子宫已做好准备工作，内膜开始增厚，当胚泡从输卵管移至子宫时，能分泌一种酶将内膜溶解去一部分，使胚泡穿入内膜，此过程称为着床。

着床之后，滋胚层将和子宫内膜共同形成一圆盘状结构，称为胎盘，其作用是供给胚胎发育所需的养料和排除废物。

内细胞团则将发育成胎儿，经历原肠期、神经胚期、尾芽期。受精约1个月后形成全部体节，进入变态期，受精2个月后就已初步具备人的模样，即进入胎儿期，此后再经过200多天的发育形成婴儿，一个新的小生命就呱呱落地。

◎ 试管婴儿——辅助生殖技术

试管婴儿就是采用人工方法让卵细胞和精子在体外受精，并进行早期胚胎发育，然后移植到母体子宫内发育而诞生的婴儿。对于患有输卵管堵塞等疾病的妻子，可以通过手术直接从卵巢内取出成熟的卵细胞，然后在试管里将丈夫的精子混合，让它们在体外结合成受精卵。对于精子少或精子活动能力弱的丈夫，则可通过一枚极其微细的玻璃吸管，从他的精液中选出健壮的精子，把它直接注入卵细胞中，形成受精卵。受精卵在体外形成早期胚胎后，就可以移入妻子的子宫了。如果妻子的子宫有疾病，还可将早期胚胎移入自愿做代孕母亲的女性子宫内。

"试管婴儿"是伴随体外授精技术的发展而来的，最初由英国产科医生帕特里克·斯特普托和生理学家罗伯特·爱德华兹合作研究成功的。"试管婴儿"一诞生就引起了世界科学界的轰动，甚至被称为人类生殖技术的一大创举，也为治疗不孕不育症开辟了新的途径。

试管婴儿

遗　传

　　随着科技的发展，人类在遗传和基因方面的研究越来越深入，本章呈现了人类在遗传与基因科学方面取得的最新研究成果。

遗传学的发展史

我国劳动人民很早就注意到"种瓜得瓜，种豆得豆"的遗传现象。但是，由于长期的封建统治思想的影响，严重地阻碍了遗传科学的发展。人们对于遗传的认识，长期停留在感性阶段。

人类在新石器时代就已经驯养动物和栽培植物，而后人们逐渐学会了改良动植物品种的方法。西班牙学者科卢梅拉在公元 60 年左右所写的《论农作物》一书中描述了嫁接技术，还记载了几个小麦品种。533～544 年，中国学者贾思勰在所著的《齐民要术》一书中论述了各种农作物、蔬菜、果树、竹木的栽培和家畜的饲养，还特别记载了果树的嫁接，树苗的繁殖，家禽、家畜的阉割等技术。改良品种的活动从那时以后就从未中断。

对遗传和变异的系统研究是从 19 世纪法国的拉马克和英国的达尔文开始的。

拉马克对生物的遗传变异做了大量观察和推理，得出了"用进废退"和"获得性遗传"的结论。所谓"用进废退"，就是说经常使用的器官会逐渐发达，不用的器官则逐渐退化。而这样的变异，按照拉马克的说法，是可以遗传的。他举了若干例子来论证"获得性遗传"，其中最著名的是关于长颈鹿的起源问题。拉马克认为，长颈鹿这种动物之所以产生，是由于它们短腿、短颈的祖先生活在干燥无草的地区，生活的需要迫使它们不得不觅食树上的叶子，因而产生了伸腿、伸颈的行为，许多世纪的伸颈伸腿习惯，使腿和颈不断伸长，最后形成了长颈鹿。

达尔文在拉马克的基础上，对生物的遗传变异做了更为广泛的研究，并在《物种起源》一书中提出了他的"进化论"。

知识小链接

遗传变异

同一基因库中，生物体之间呈现差别的定量描述。在 DNA 水平上的差异称"分子变异"。遗传变异是生物界不断发生的普遍现象，也是物种形成和生物进化的基础。

达尔文注意到变异的普遍性。这是与他多年环球考察的科学实践分不开的。他认为变异有大有小。他重视微小的变异，认为这是自然选择的材料，也注意到显著的变异，例如短腿的安康羊以及植物的芽变，但他认为这类变异比较少，在进化上不太重要。他还认为变异不仅见于外部形态，也见于内部构造和生理特性，不仅见于有性繁殖的生物，也见于无性繁殖的生物。

关于变异的原因，达尔文认为主要是由于生活条件的改变。生活条件既可直接作用于生物体或某些器官，也可间接影响生殖器官，无论是直接影响或间接影响，都可引起生物的变异。

达尔文认为，环境条件引起生物当代或后代的变异分为一定变异和不定变异两类。所谓一定变异，就是一切个体或多数个体均按同样的方式产生一样的变异，即方向是一定的。例如气候可以影响皮肤的色泽、毛的厚度和密度。所谓不定变异，就是生物在若干世代相似的条件下同类个体之间产生不同的变异，这些变异的方向不定，区别明显，例如各种突变（安康羊、果树的芽变等）。他认为不定变异比一定变异要普遍，不定变异也是生物进化的材料。

达尔文还根据有机体各部分相互关系的科学事实，提出了相关变异和延续变异的规律。所谓相关变异，就是生物体一个部分或一种器官发生变异，其他有关部分或器官也会相应发生变异。达尔文认为，如果引起变异的条件在后代继续发生作用，变异就会在后代加强起来，向着同一方向发生变异。

关于遗传问题，达尔文认为遗传是生物的一种特性。变异有遗传的，也有不遗传的，能遗传的变异广泛存在。他认为遗传是生物的保守性，克服保守性比较困难，改变生活条件不一定能很快产生影响，但是经过多代影响也能引起变异。

达尔文对遗传变异的研究比起他的前辈大大地前进了一步，但是并未能真正揭示遗传变异的实质和规律。

后来，德国的魏斯曼提出了"种质说"。魏

魏斯曼

拓展阅读

魏斯曼

魏斯曼（1834—1914），德国动物学家。1834 年 1 月 17 日生于法兰克福。1856 年入格丁根大学学医，先后在巴登和奥地利当过军医和私人医生。1861 年在吉森大学从师于德国动物学家洛伊卡尔特，学习动物发生学和形态学，1863 年完成了关于双翅目昆虫变态的论文。1866 年担任弗赖堡大学医学系动物学和比较解剖学副教授，1868 年在该校创办动物研究所，任第一任所长，1871 年升任教授。后因眼疾不得不终止显微镜下的研究，而转向遗传、发生和进化问题的理论探讨。他讲授达尔文的进化论多年，直至 1912 年退休。

斯曼认为，生物体可以分为体质和种质两部分。种质在生物体内是独立的、连续的，种质能够产生种质和体质，而体质不能产生种质。种质的变异可以引起遗传性的变异，而环境条件只能引起体质的变异。体质的变异是不遗传的。他认为生殖细胞里的染色体就是种质。魏斯曼的理论和实验引起很大的反响，使得当时的生物界分成了两大派别。一派是以魏斯曼为首的新达尔文主义，认为获得性不能遗传，另一派是以英国的斯宾塞为首的新拉马克主义，主张获得性能够遗传。

趣味点击　　**基因突变**

　　基因突变是指基因组 DNA 分子发生的突然的、可遗传的变异现象。从分子水平上看，基因突变是指基因在结构上发生碱基对组成或排列顺序的改变。

　　但是，所有这些派别以及他们的实验研究都没能揭示遗传的基本规律。1856 年生物学家孟德尔以豌豆为材料，经过 8 年辛苦的试验，终于发现了生物遗传的基本规律，即分离定律和自由组合（独立分配）定律。孟德尔定律奠定了遗传学的基础。

　　孟德尔的工作结果直到 20 世纪初才受到重视。19 世纪末在生物学中，关于细胞分裂、染色体行为和受精过程等方面的研究和对于遗传物质的认识，这两个方面的成就促进了遗传学的发展。

　　1875～1884 年，德国解剖学家和细胞学家弗莱明在动物中，德国植物学家和细胞学家施特拉斯布格在植物中分别发现了有丝分裂、减数分裂、染色体的纵向分裂，以及分裂后的趋向两极的行为；比利时动物学家贝内登还观察到马副蛔虫的每一个身体细胞中含有等数的染色体；德国动物学家赫特维希在动物中和施特拉斯布格在植物中分别发现受精现象。这些发现都为遗传的染色体学说奠定了基础。美国动物

孟德尔

学家和细胞学家威尔孙在 1896 年出版的《发育和遗传中的细胞》一书总结了这一时期的发现。

　　关于遗传的物质基础历来有所臆测。例如 1864 年，英国哲学家斯宾塞称

之为活粒；1868 年，英国生物学家达尔文称之为微芽；1884 年，瑞士植物学家内格利称之为异胞质；1889 年，荷兰学者德弗里斯称之为泛生子；1883 年，德国动物学家魏斯曼称之为种质。实际上，魏斯曼所说的种质已经不再是单纯的臆测了，他已经指明生殖细胞的染色体便是种质，并且明确地区分种质和体质，认为种质可以影响体质，而体质不能影响种质，在理论上为遗传学的发展开辟了道路。

孟德尔的遗传定律于 1900 年为德弗里斯、科伦斯和切尔马克三位从事植物杂交试验工作的学者分别发现。1900 ~ 1910 年，除证实了植物中的豌豆、玉米等和动物中的鸡、小鼠、豚鼠等的某些性状的遗传符合孟德尔定律以外，还确立了遗传学的一些基本概念。1909 年，丹麦植物生理学家和遗传学家约翰森称孟德尔遗传定律中的遗传因子为基因，并且明确区别基因型和表型。1909 年，贝特森创造了等位基因、杂合体、纯合体等术语，并发表了代表性著作《孟德尔的遗传原理》。

知识小链接

孟德尔遗传定律

孟德尔是遗传学杰出的奠基人。他揭示出遗传学的两个基本定律——分离定律和自由组合定律，统称为孟德尔遗传定律。分离定律的实质：杂合体中决定某一性状的成对遗传因子，在减数分裂过程中彼此分离、互不干扰，使得配子中只具有成对遗传因子中的一个，从而产生数目相等的、两种类型的配子且独立地遗传给后代，这就是孟德尔的分离定律。自由组合定律的实质就是具有两对（或更多对）相对性状的亲本进行杂交，在 F1 产生配子时，在等位基因分离的同时，非同源染色体上的非等位基因表现为自由组合。

从 1910 年到现在，遗传学的发展大致可以分为 3 个时期：细胞遗传学时期、微生物遗传学时期和分子遗传学时期。

（1）细胞遗传学时期。

细胞遗传学时期是 1910～1940 年，可从美国遗传学家和发育生物学家摩尔根在 1910 年发表关于果蝇的性连锁遗传开始，到 1941 年美国遗传学家比德尔和美国生物化学家塔特姆发表关于链孢霉的营养缺陷型方面的研究结果为止。

这一时期通过对遗传学规律和染色体行为的研究确立了遗传的染色体学说。摩尔根在 1926 年发表的《基因论》和英国细胞遗传学家达林顿在 1932 年发表的《细胞学的最新成就》是这一时期的代表性著作。这一时期虽然由美国遗传学家米勒和斯塔德勒分别在动、植物中发现了 X 射线的诱变作用，可是对于基因突变机制的研究并没有进展。基因作用机制研究的重要成果则几乎只限于动、植物色素的遗传研究方面。

（2）微生物遗传学时期。

微生物遗传学时期是 1940～1960 年，从 1941 年比德尔和塔特姆发表关于脉孢霉属中的研究结果开始，到 1960～1961 年法国分子遗传学家雅各布和莫诺发表关于大肠杆菌的操纵子学说为止。

在这一时期中，采用微生物作为材料研究基因的原初作用、精细结构、化学本质、突变机制以及细菌的基因重组、基因调控等，取得了以往在高等动、植物研究中难以取得的成果，从而丰富了遗传学的基础理论。微生物遗传学时期的工作成就使人们认识到遗传学的基本规律适用于包括人和噬菌体在内的一切生物。

（3）分子遗传学时期。

此时期从 1953 年美国分子生物学家沃森和英国分子生物学家克里克提出 DNA 的双螺旋模型开始，但是，20 世纪 50 年代只在 DNA 分子结构和复制方面取得了一些成就，而遗传密码、mRNA、tRNA、核糖体的功能等则几乎都是 20 世纪 60 年代才得以初步阐明。

分子遗传学是在微生物遗传学和生物化学的基础上发展起来的。分子遗传学的基础研究工作都以微生物，特别是以大肠杆菌和它的噬菌体作为研究材料完成的；它的一些重要概念如基因和蛋白质的线性对应关系、基因调控等也都来自微生物遗传学的研究。分子遗传学在原核生物领域取得上述许多成就后，才逐渐在真核生物方面开展起来。

正像细胞遗传学研究推动了群体遗传学和进化遗传学的发展一样，分子遗传学也推动了其他遗传学分支学科的发展。遗传工程是在细菌质粒和噬菌体以及限制性内切酶研究的基础上发展起来的，它不但可以应用于工、农、医各个方面，而且还进一步推进分子遗传学和其他遗传学分支学科的研究。

免疫学在医学上极为重要，已有相当长的历史。按照"一个基因一种酶"的假设，一个生物为什么能产生无数种类的免疫球蛋白，这本身就是一个分子遗传学问题。自从澳大利亚免疫学家伯内特在 1959 年提出了克隆选择学说以后，免疫机制便吸引了许多遗传学家的注意。目前免疫遗传学既是遗传学中比较活跃的领域之一，也是分子遗传学的活跃领域之一。

你知道吗

微生物遗传学

微生物遗传学是以病毒、细菌、小型真菌以及单细胞动植物等微生物为研究对象的遗传学分支学科。微生物遗传学中的微生物有个体小、生活周期短、常能在简单的合成培养基上迅速繁殖等特点，并且可以在相同条件下处理大量个体，所以是进行遗传学研究的良好材料。微生物遗传学在 20 世纪 40～50 年代的发展，促进了遗传学中一些基本理论的阐明，20 世纪 50～60 年代推动了分子遗传学的发展。

知识小链接

免疫球蛋白

免疫球蛋白由两条相同的轻链和两条相同的重链所组成，是一类重要的免疫效应分子；由高等动物免疫系统淋巴细胞产生的蛋白质，经抗原的诱导可以转化为抗体。因结构不同可分为 IgG、IgA、IgM、IgD 和 IgE 五种，多数为丙种球蛋白。可溶性免疫球蛋白存在于体液中，参与体液免疫；膜型免疫球蛋白是 B 淋巴细胞抗原受体。

在分子遗传学时代，另外两个迅速发展的遗传学分支是人类遗传学和体细胞遗传学。自从采用了微生物遗传学研究的手段后，遗传学研究可以不通过生殖细胞而通过离体培养的体细胞进行，人类遗传学的研究才得以迅速发展。不论研究的对象是什么，凡是采用组织培养之类的方法进行的遗传学研究都属于体细胞遗传学。人类遗传学的研究一方面广泛采用体细胞遗传学方法，另一方面也愈来愈多地应用分子遗传学方法，例如采用遗传工程的方法来建立人的基因文库并从中分离特定基因进行研究等。

▶ 认识遗传

◎ 遗传的特点

在最基本的水平上，生物体中的遗传表现为离散性状，即基因型。这种特点是由孟德尔首次观察到，他研究了豌豆中遗传性状的分离现象。在研究花色的实验中，孟德尔观察到豌豆花的颜色只有两种：紫色和白色，却没有任何一朵显示出两种颜色的中间色。这些来自于同一基因却不同且离散的版本被称为等位基因。

在豌豆的例子中，每一颗豌豆都含有一个基因中的两个等位基因，并且子代可以从父母分别继承其中的一个等位基因。许多生物，包括人类，都有这样的遗传规律。具有相同的两个等位基因的生物体被称为纯合体，而具有不同等位基因的生物体则被称为杂合体。

一个给定的生物体的等位基因的组合形式就是该生物体的基因型，而对于这种组合所表现出来的性状就是该生物体的表现型。当生物体是杂合体时，常常有一个等位基因是显性基因，显性基因决定了生物体的表现型，而另一个基因就被称为隐性基因，其性状在显性基因存在时不会被表现出来。有一

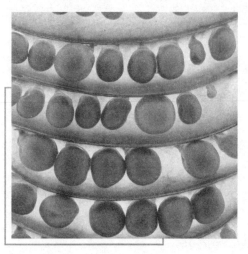

豌 豆

些等位基因没有完全的显性，即"非完全显性"，其表现为一种中间状态的表现型，或者两个等位基因无显隐性之分，可以同时表现出对应性状。

当一对生物体繁殖后代时，它们的下一代随机地继承父母的两个等位基因中的一个。这些对于离散遗传和等位基因分离的观察结果被总结为孟德尔第一定律（分离定律）。

遗传学家利用注释和图解来描述遗传。一个基因可以用一个或几个字母来表示，并且用大写字母表示显性基因，小写字母表示隐性基因。" + "常常被用于标记一个基因的正常非突变的等位基因。

在杂交实验中（特别是在讨论孟德尔定律时），父母代被标示为"P"代，其下一代被标示为"F1"（第一代），F1 代的子代就被称为"F2"（第二代），可以用于预测杂交结果的常用图解是旁氏表，又称为"棋盘法"。在研究人类遗传疾病时，遗传学家常常利用系谱图来展示遗传性状。这些图表将一个性状的遗传关系以家族谱的形式表现出来。

多基因的相互作用。人类的高度是一个复杂的遗传性状。来自于高尔顿的 1889 年的数据显示，后代高度之间的关系是一个父母平均高度的方程，而从中计算的后代高度与真实值之间依然存在偏差，表明环境对这一性状也有重要影响。

生物体具有成千上万个基因，并且在有性繁殖的生物中，这些基因的分类是互相独立的。这就意味着对应豌豆的黄色或绿色的色彩等位基因的遗传与紫色或白色的花色等位基因的遗传是不相关的。这种现象被称为孟德尔第二定律（独立分配定律），即来自父母的不同基因的等位基因被随机抽取来组成具有多种组合结果的子代。有一些基因不是独立归类的，这也就解释了遗传中的遗传连锁现象。

高尔顿

不同的基因常常能够通过某种方式来影响同一种性状。例如，在蓝眼玛莉（一种植物）中存在一种能够决定花色为蓝色或洋红色的基因，以及一种能够决定花是否有颜色（即白色或有色）的基因；当一株该种植物含有两个白色等位基因（决定花色的第二种基因的两个等位基因），则无论第一种基因所带的颜色基因的等位基因为何，它的花色都为白色。这种基因之间的作用关系被称为上位性或异位显性，即第二种基因位于第一种基因的上位。

许多性状没有明显的可区分的特点（例如不同的花色），而表现为连续性的特点（如人类的身高和肤色）。这些复杂的性状是来自于许多基因共同作用的结果。这些基因的影响作用在不同程度上是由一个生物体所经历的环境所造成的。生物体的一个基因对于一种复杂性状产生的影响的程度被称为遗传力。对一种复杂性状的遗传力的测量是相对的——环境的变化性越大，环境对于性状变化的影响力也就增强，而基因对于性状变化的影响力也就越小（表现为遗传力降低）。例如：作为一种复杂性状，美国人身高的遗传力为89%；而在尼日利亚，由于人们所获得的食物和医疗保健的差异性较大（即较大的环境变化性），其身高的遗传力仅为62%。

◎ 遗传的分子基础

DNA 和染色体。基因的分子基础是脱氧核糖核酸（DNA）。DNA 是由核苷酸相互连接而形成的链分子，其中的核苷酸有四类：腺苷酸（A）、胞嘧啶

（C）、鸟苷酸（G）和胸腺嘧啶（T）。遗传信息就储存在这些核苷酸序列中，而基因则以连续的核苷酸序列存在于 DNA 链中。病毒是唯一的例外，有一些病毒利用核糖核酸（RNA）分子来代替 DNA 作为它们的遗传物质。

基本小知识

病　毒

病毒是颗粒很小、结构简单、寄生性严格、以复制进行繁殖的一类非细胞型微生物。病毒是比细菌还小、没有细胞结构、只能在细胞中增殖的微生物。病毒由蛋白质和核酸组成，多数要用电子显微镜才能观察到。

DNA 通常以双链分子的形式存在，并卷曲形成双螺旋结构。DNA 中的每一个核苷酸都有自己的配对核苷酸在相反链（对应另一条链）上，其配对规则为：A 与 T 配对，C 与 G 配对，因此双链中的每一条链都包含了所有必要的遗传信息。这种 DNA 结构就是遗传的物理基础。DNA 复制通过将互补配对的双链分开，并利用每条链作为模板来合成新的互补链，从而达到复制遗传信息的目的。

不同基因沿着 DNA 链线性排列形成了染色体。在细菌中，每一个细胞都有一个单一的环状染色体，而真核生物（包括动物和植物）则具有多个线形染色体。这些染色体中的 DNA 链常常会非常长，例如人类最长的染色体的长度大约为 247 百万个碱基对。染色体 DNA 上结合有能够组织和压缩 DNA，并控制 DNA 可接触性的结构蛋白，从而形成染色质；在真核生物中，染色质通常是以核小体为单位组成，每一个核小体由 DNA 环绕一个组蛋白核心而形成。一个生物体中的全套遗传物质（通常包括所有染色体中 DNA 的序列）被称为基因组。

仅含有一套染色体的生物被称为单倍体生物。大多数的动物和许多植物为双倍体生物，它们含有两套染色体（姐妹染色体）。一个基因的两个等位基因分别位于姐妹染色体上的等同的基因座，每一个等位基因遗传自不同亲本。

华尔瑟·弗莱明 1882 年的著作《细胞基质、细胞核以及细胞分裂》中描述真核细胞分裂的插图。染色体被复制、聚集和组织。随后，当细胞分裂开始时，复制后的染色体分别被分离进入两个子细胞中。

性染色体是双倍体生物中染色体的一个例外，它是许多动物中的一种特异化的染色体，决定了一个生物体的性别。在人类和其他一些哺乳动物中，性染色体分为 X 和 Y 两类。Y 染色体只含有很少量的基因，能够触发雄性特征的发育；而 X 染色体与其他染色体类似，也含有大量与性别决定无关的基因。雌性具有两个 X 染色体，而雄性具有一个 Y 染色体和一个 X 染色体。

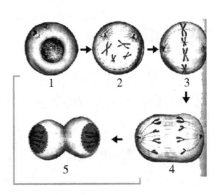

真核细胞分裂的过程

当细胞分裂时，它们的基因组被复制产生两份拷贝，每个子细胞继承其中的一份，这一过程被称为有丝分裂。它是繁殖的最简单形式，也是无性繁殖的基础。无性繁殖也能够发生在多细胞生物体中，子代从单一亲本处继承其基因组，即子代与亲本具有等同的基因组。这种子代与亲本在遗传上等同的现象被称为克隆。

真核生物常常利用有性繁殖来产生后代，其后代含有分别遗传自不同亲本的混合的遗传物质。有性繁殖的过程是一个介于基因组单拷贝（单倍体）和双拷贝（双倍体）之间的一个转换过程。双倍体生物通过不复制 DNA 的分裂来形成单倍体，所生成的单倍体子细胞含有每对姐妹染色体中的任意一个。两个单倍体细胞融合并将各自的遗传物质组合在一起来重新生成一个含配对染色体的双倍体细胞。多数动物和许多植物在它们的生命周期的多数时间内是双倍体，只有生殖细胞为单倍体形式。

虽然细菌没有单倍体或双倍体的有性繁殖方式，但它们也有许多获得新的遗传信息的手段。一些细菌能够发生接合，将一小段环状 DNA 传递到另一个细菌细胞内。细菌还能够从环境中摄入 DNA 片断，并将之整合到自己的基因组中，这种现象被称为转化。这些进程导致了基因的水平转移，即无亲缘关系的生物体之间进行遗传信息的传输。

◎ 重组与连接

染色体的双倍体使得位于不同染色体的基因在有性繁殖期间能够独立地分配，并通过重组形成新的基因组合。在同一条染色体上的基因，理论上不会发生重组，但通过染色体互换则可以达到。在互换过程中，染色体交换 DNA 片断，有效地将染色体之间的等位基因重新分配。染色体互换通常发生在减数分裂期间（旨在生成单倍体细胞的一系列的细胞分裂过程）。

染色体上两个给定位点之间发生染色体互换的可能性与这两个位点之间的距离相关。对一个任意长的距离，由于互换的可能性足够高，使得相隔该距离的两个基因的遗传无相关性。对于两个接近的基因，由于互换的可能性较小，则基因之间会发生遗传连锁，即这两个基因的等位基因趋向于被一起遗传。一系列基因之间的连锁数量可以被组合在一起构成一个线性的连锁图谱，来描述染色体上基因的排列顺序。

基因通常是通过生成所编码的蛋白质（执行细胞中大多数功能的复杂的生物大分子）来表现它们的功能性影响。蛋白质是由氨基酸所组成的线性链，而基因的 DNA 序列（通过 RNA 作为信息的中间载体）被用于产生特定的蛋白质的氨基酸序列。这一过程的第一步是由基因的 DNA 序列来生成一个序列互补的 RNA 分子，即基因的转录。

通过转录产生的 RNA 分子（信使 RNA）被用于生产相应的氨基酸序列，这一转换过程被称为翻译。核酸序列中的每一组三个核苷酸组成一个密码子，可以被翻译为 20 种出现于蛋白质中的氨基酸中的一个，这种对应性被称为遗传密码。这种信息的传递是单一方向性的，即信息只能从核苷酸序列传递到氨基酸序列，而不能从氨基酸序列传递回核苷酸序列，这一现象被弗朗西斯·克里克称为分子生物学中心法则。

特定的氨基酸序列决定了对应蛋白质的独特的三维结构，而蛋白质结构则与它们的功能紧密相连。一些蛋白质是简单的结构分子，如形成纤维的胶原蛋白。蛋白质可以与其他蛋白质或小分子结合，例如作为酶的蛋白质通过与底物分子结合来执行催化其化学反应的功能。蛋白质结构是动态的，例如血红蛋白在哺乳动物血液中捕捉、运输和释放氧气分子的过程中能够发生微小的结构变化。

> ## 知识小链接
>
> ### 血红蛋白
>
> 血红蛋白是高等生物体内负责运载氧的一种蛋白质，是使血液呈红色的蛋白。血红蛋白由四条链组成，两条 α 链和两条 β 链，每一条链有一个包含一个铁原子的环状血红素。氧气结合在铁原子上，被血液运输。

基因序列上的单个核苷酸变化可能会导致所编码蛋白质的氨基酸序列相应改变。由于蛋白质结构是由其氨基酸序列所决定的，一个氨基酸的变化就有可能通过使结构失去稳定性或改变蛋白质表面而影响与该蛋白质其他蛋白质和分子的相互作用，而引起蛋白质性质发生剧烈的改变。例如，镰刀形细胞贫血症是一种人类遗传性疾病，是由编码血红蛋白中的 β–球蛋白亚基的基因中的一个核苷酸突变所引起的，这一突变导致一个氨基酸发生改变，从而改变了血红蛋白的物理性质。在这种疾病中，突变的血红蛋白互相结合在一起，堆积而形成纤维，从而扭曲了携带血红蛋白的红血球的形状。这些扭曲的镰刀状细胞无法在血管中通畅地流动，容易堆积而阻塞血管或者被降解，从而引起贫血。

也有一些基因被转录为 RNA 分子后却不被翻译成蛋白质，这些 RNA 分子就被称为非编码 RNA。在一些例子中，这些非编码 RNA 分子，如核糖体 RNA 和转运 RNA 折叠形成结构，并参与部分关键性细胞功能。还有的 RNA（如 microRNA）还能够通过与其他 RNA 分子杂交结合而发挥调控作用。

基本小知识

贫 血

贫血是指人体外周血中红细胞容积的减少，低于正常范围下限的一种常见的临床症状。由于红细胞容积测定较复杂，临床上常用血红蛋白（Hb）浓度来代替。中国科学院肾病检测研究所血液病学家认为在中国海平面地区，成年男性 Hb < 120g/L，成年女性（非妊娠）Hb < 110g/L，孕妇 Hb < 100g/L 就有贫血。

◎ 先天与后天

虽然基因含有生物体所需功能的所有信息，环境依然在确定生物体最终的表现型中发挥着重要作用，这种两面性被称为"先天与后天"。也可以说，一个生物体的表现型依赖于遗传与环境的相互作用。这种相互作用的一个例子就是温度敏感型突变。蛋白质序列中的单个氨基酸突变通常不会改变该蛋白质的行为和与其他分子的相互作用关系，但却能够使该蛋白质结构变得不稳定。在一个高温环境中，分子的运动加快，分

暹罗猫

子间的碰撞也加强，这就使得这一蛋白质的结构被破坏，从而无法发挥它的功能。而在一个低温环境中，蛋白质结构却可以保持稳定并能够发挥正常的

功能。这类突变所引起的改变在暹罗猫毛色的变化中可以被观察到。这种猫体内一种负责生产色素的酶含有一个突变，这个突变能够导致这种酶在高温时变得不稳定并失去其功能，因此在猫皮肤温度较低处，如四肢、尾部、面部等的毛色为深色，而温度较高处为浅色。

◎ 基因调控

　　一个生物体的基因组含有数千个基因，但并不是所有的基因都需要保持激活状态。基因的表达表现为被转录为 mRNA，然后再被翻译成蛋白质，而细胞中存在许多方式可以控制基因的表达，以便使蛋白质的产生符合细胞的需求。而控制基因表达"开关"的主要调控因子之一就是转录因子。它们是一类结合在基因的起始位点上的调控蛋白，可以激活或抑制基因的转录。例如，在大肠杆菌基因组内存在着一系列合成色氨酸所需的基因。然而，当大肠杆菌菌细胞可以从环境中获得色氨酸时，这些基因就不被细胞所需要。色氨酸的存在直接影响了这些基因的活性，这是因为色氨酸分子会与色氨酸操纵子（一种转录因子）结合，引起操纵子结构变化，使得操纵子能够结合到合成色氨酸所需的基因上。色氨酸操纵子阻断了这些基因的转录和表达，因而对色氨酸的合成进程产生了负反馈调控作用。

　　多细胞生物中的基因表达的差异性非常明显。虽然各类细胞都含有相同的基因组，但由于不同的基因表达而具有不同的结构和行为。多细胞生物中的所有细胞都来源于一个单一细胞，通过响应外部或细胞之间的信号而不断分化，并逐渐建立不同的基因表达规律来产生不同的行为。因为没有一个单一基因能够负责多细胞生物中的各个组织的发育，因此这些规律应来自于许多细胞之间复杂的相互作用。这些过程都要通过基因调控来完成。

　　真核生物体内的染色质中存在着能影响基因转录的结构特点，常常表现为 DNA 和染色质的修饰形式（如 DNA 的甲基化），而且能够稳定遗传给子细胞。这些特点是附加性的，因为它们存在于 DNA 序列的"顶端"，并且可以从一个细胞遗传给它的下一代。由于这些附加性特点，在相同培养基中生长的不同的细胞类型，依然保持其不同的特性。虽然附加性特点在整个发育过程中通常是动态的，但是有一些，例如副突变现象可以被多代遗传。

◎ 遗传变化

在 DNA 复制的过程中，第二链的聚合中偶尔会产生复制错误，这些错误被称为突变。它们能够对于一个生物体的表现型产生影响，特别是当它们位于一个基因的蛋白质编码区中时。错误率通常非常低，每 0.1 ~1 亿个碱基才会出现 1 个错误，这是由于 DNA 聚合酶具有"校对"能力。没有"校对"机制，则错误率会增加 1000 倍，例如许多病毒所依赖的 DNA 或 RNA 聚合酶缺乏"校对"能力，这使得病毒复制过程具有很高的突变率。能够增加 DNA 发生改变的因素被称为突变原：一些化学品常常可以通过影响正常的碱基对结构来提高 DNA 复制中的错误率，而紫外线能通过破坏 DNA 结构来诱发突变。由于对 DNA 的伤害在自然界中随时都会发生，细胞则利用 DNA 修复机制来修复 DNA 中存在的错误配对和断裂，但有时也无法将受破坏的 DNA 还原到破坏前的序列。

基本小知识

紫外线

紫外线是电磁波谱中波长从 10nm 到 400nm 辐射的总称，不能引起人们的视觉。1801 年，德国物理学家里特发现在日光光谱的紫端外侧一段能够使含有溴化银的照相底片感光的光线，因而发现了紫外线的存在。紫外线根据波长分为：近紫外线 UVA、远紫外线 UVB 和超短紫外线 UVC。紫外线对人体皮肤的渗透程度是不同的，紫外线的波长愈短，对人类皮肤的危害越大。

在利用染色体互换来交换 DNA 和重组基因的生物体中，减数分裂过程中所出现的配对错误也会导致突变。当相似序列导致姐妹染色体产生错误配对时，这种染色体互换出现错误的可能性非常大。这使得基因组中一些区域更趋向于以这一方式发生突变。这些错误能促使 DNA 序列产生很大的结构变化——整个区域的重复、倒位或删除，或者不同染色体之间发生意外性的交换，被称为"染色体易位"。

◎ 自然选择与进化

突变会使生物体具有不同的基因型，并可能导致不同的表现型。许多突变对于生物体的表现型、健康和繁殖适应性基本没有影响。有影响的突变则往往是有害的，但也有少量是有益的。在对果蝇的研究中发现，如果一个突变改变了基因所编码的蛋白质，那这一突变很可能是有害的，大约有 70% 的此类突变具有破坏性影响，而剩余的突变则是中性的或微弱有益的。

一个群体中的一个等位基因的变化频率会受到自然选择的影响，具有更高的存活率和繁殖率的等位基因能够随着时间而越来越频繁地出现在该群体中。此外，遗传突变能够引发等位基因出现频率的随机变化不受自然选择的影响。

在经过多个世代的传承后，生物体的基因组会发生改变，引起被称为进化的现象。突变和对于有益突变的选择使得一个物种不断地进化到能够更好地在所处的环境中生存下来的形式，这一过程被称为适者生存。新的物种的形成常常是由于地理分离而造成的，地理上的分离使得不同种群能够在遗传学上独立发展而产生分化。

你知道吗

自然选择

自然选择是进化生物学中最核心的概念，同时也是导致生物进化的关键因素。自然选择是指能够导致同一种群中，不同遗传性状的分布比例在下一个世代发生变化的过程。达尔文的自然选择学说，其主要内容有四点：过度繁殖、生存斗争（也叫生存竞争）、遗传和变异、适者生存。

由于进化过程中的序列分化和变化，物种的 DNA 序列之间的差异可以用作"分子时钟"来计算物种之间的进化距离。遗传比较被普遍认为是鉴定物种之间亲缘关系的最准确的方法，过去常用的方法则是比较物种之间的表现型特征。物种之间的进化距离可以用进化树来综合表示，进化树可以表示由共同祖先随时间分化而来的物种之间的亲缘关系，但不能表示无亲缘关系的物种之间的遗传物质的转移，被称为基因水平转移，在细菌中非常普遍。

◎ 研究与技术

模式生物与遗传学。一开始遗传学家们的研究对象很广泛，但逐渐地集中到一些特定物种（模式生物）的遗传学上。这是由于新的研究者更趋向于选择一些已经获得广泛研究的生物体作为研究目标，使得模式生物成为多数遗传学研究的基础。模式生物的遗传学研究包括基因调控，以及发育和癌症相关基因的研究。

模式生物具有传代时间短、易于基因操纵等优点，它们成为流行的遗传学研究对象。目前广泛研究的模式生物包括：大肠杆菌、酿酒酵母、拟南芥、线虫、果蝇和小鼠。

你知道吗

线 虫

线虫是袋形动物门线虫纲所有蠕虫的通称，是动物界中数量最丰者之一，寄生于动、植物，或自由生活于土壤、淡水和海水环境中，甚至在醋和啤酒这样稀罕的地方也可见到，通常呈乳白、淡黄或棕红色。线虫大小差别很大，小的不足 1 毫米，大的长达 8 米。

医学相关的遗传学研究。医学遗传学的目的是了解基因变异与人类健康和疾病的关系。当寻找一个可能与某种疾病相关的未知基因时，研究者通常会用遗传连锁和遗传系谱来定位基因组上与该疾病相关的区域。在群体水平上，研究者会采用孟德尔随机法来寻找基因组上与该疾病相关的区域，这一方法也特别适用于不能被单个基因所定义的多基因性状。一旦候选基因被发现，就需要对模式生物中的对应基因（直系同源基因）进行更多的研究。对于遗传疾病的研究，越来越多发展起来的研究基因型的技术也被引入到药物遗传学中，来研究基因型如何影响药物反应。

　　癌症虽然不是传统意义上的遗传病，但被认为是一种遗传性疾病。癌症在机体内的产生过程是一个综合性事件。机体内的细胞在分裂过程中有一定概率会发生突变。这些突变虽然不会遗传给下一代，但会影响细胞的行为，在一些情况下会导致细胞更频繁地分裂。有许多生物学机制能够阻止这种情况的发生，信号被传递给这些不正常分裂的细胞并引发其死亡，但有时更多的突变使得细胞忽略这些信号。这时机体内的自然选择和逐渐积累起来的突变使这些细胞开始无限制生长，从而成为癌症性肿瘤（恶性肿瘤），并侵染机体的各个器官。

　　相关研究技术。可以在实验室中对 DNA 进行操纵。限制性内切酶是一种常用的剪切特异性序列的酶，用于制造预定的 DNA 片断，然后利用 DNA 连接酶将这些片断重新连接，通过将不同来源的 DNA 片断连接到一起，就可以获得重组 DNA。重组 DNA 技术通常被用于在质粒中，这常常与转基因生物的制造有关。将质粒转入细菌中，再在琼脂平板培养基上培养这些细菌，然后研究者们就可以用克隆菌落来扩增插入的质粒 DNA 片断，这一过程被称为分子克隆。

　　DNA 还能够通过一个被称为聚合酶链式反应（又称 PCR）的技术来进行扩增。利用特定的短的 DNA 序列，PCR 技术可以分离和扩增 DNA 上的靶区域，因为只需要极少量的 DNA 就可以进行扩增，该技术也常常被用于 DNA 检测，检测特定 DNA 序列的存在与否。

　　DNA 测序与基因组。DNA 测序技术是遗传学研究中发展起来的一个最基本的技术，它使得研究者可以确定 DNA 片段的核苷酸序列。由弗雷德里克·桑格和他的同事于 1977 年发展出来的链终止测序法现在已经是 DNA 测序的常规手段。在这一技术的帮助下，研究者们能够对与人类疾病相关的 DNA 序列进行研究。

弗雷德里克·桑格

由于测序已经变得相对廉价，而且在计算机技术的辅助下，可以将大量不同片断的序列信息连接起来，这一过程被称为"基因组组装"，因此许多生物（包括人类）的基因组测序已经完成。这些技术也被用在测定人类基因组序列，使人类基因组计划得以在 2003 年完成。随着新的测序技术的发展，DNA 测序的费用被大大降低，许多研究者希望能够将测定一个人的基因组信息的价格降到一千美元以内，从而使大众测序成为可能。

大量测定的基因组序列信息催生了一个新的研究领域——基因组学，研究者利用计算机软件查找和研究生物的全基因组中存在的规律。基因组学也能够被归类为生物信息学下的一个领域。

◉ 遗传学的分科

◎ 分子遗传学

分子遗传学是在分子水平上研究生物遗传和变异机制的遗传学分支学科。经典遗传学的研究课题主要是基因在亲代和子代之间的传递问题；分子遗传学则主要研究基因的本质、基因的功能，以及基因的变化等问题。分子遗传学的早期研究都以微生物为材料，它的形成和发展与微生物遗传学和生物化学有密切的关系。

1944 年，美国学者埃弗里等首先在肺炎双球菌中证实了转化因子是脱氧核糖核酸（DNA），从而阐明了遗传的物质基础。1953 年，美国分子遗传学家沃森和英国分子生物学家克里克提出了 DNA 分子结构的双螺旋模型，这一发现常被认为是分子遗传学的真正开端。

1955 年，美国分子生物学家本泽用基因重组分析方法，研究大肠杆菌的 T4 噬菌体中的基因精细结构，其剖析重组的精细程度达到 DNA 多核苷酸链上相隔仅三个核苷酸的水平。这一工作在概念上沟通了分子遗传学和经典遗传学。

关于基因突变方面，早在 1927 年和 1928 年，马勒和斯塔德勒就分别用 X 射线等诱发了果蝇和玉米的基因突变，但是在此后一段时间内对基因突变机制的研究进展缓慢，直到以微生物为材料广泛开展突变机制研究和提出 DNA 分子双螺旋模型以后才取得显著成果。例如碱基置换理论便是在 T4 噬菌体的诱变研究中提出的，它的根据便是 DNA 复制中的碱基配对原理。

美国遗传学家比德尔和美国生物化学家塔特姆根据对粗糙脉孢菌的营养缺陷型的研究，在 20 世纪 40 年代初提出了一个基因一种酶的假设。它沟通了遗传学中对基因功能的研究和生物化学中对蛋白质生物合成的研究。

知识小链接

脉孢菌

脉孢菌属因子囊孢子表面有纵形花纹，犹如叶脉而得名，又称链孢霉。它具有疏松网状的长菌丝，有隔膜、分枝、多核；无性繁殖形成分生孢子，一般为卵圆形，在气生菌丝顶部形成分枝链，分生孢子呈橘黄色或粉红色，常生在面包等淀粉性食物上，故俗称红色面包霉。

按照一个基因一种酶的假设，蛋白质生物合成的中心问题是蛋白质分子中氨基酸排列顺序的信息究竟以什么形式储存在 DNA 分子结构中，这些信息又通过什么过程从 DNA 向蛋白质分子转移。前一问题是遗传密码问题，后一问题是蛋白质生物合成问题，这又涉及转录和翻译、信使核糖核酸（mR-NA）、转移核糖核酸（tRNA）和核糖体的结构与功能的研究。这些分子遗传学的基本概念都是在 20 世纪 50 年代后期和 60 年代前期形成的。

分子遗传学的另一重要概念——基因调控。1960～1961 年，由法国遗传学家莫诺和雅各布提出。他们根据在大肠杆菌和噬菌体中的研究结果，提出乳糖操纵子模型。接着在 1964 年，又由美国微生物和分子遗传学家亚诺夫斯基和英国分子遗传学家布伦纳等，分别证实了基因的核苷酸顺序和它所编码的蛋白质分子的氨基酸顺序之间存在着排列上的线性对应关系，从而充分证实了一个基因一种酶的假设。此后，真核生物的分子遗传学研究逐渐开展起来。

用遗传学方法可以得到一系列使某一种生命活动不能完成的突变型，例如不能合成某一种氨基酸的突变型、不能进行 DNA 复制的突变型、不能进行细胞分裂的突变型、不能完成某些发育过程的突变型、不能表现某种趋化行为的突变型等。不过，许多这类突变型常是致死的，所以各种条件致死突变型，特别是温度敏感突变型常是分子遗传学研究的重要材料。

在得到一系列突变型之后，就可以对它们进行遗传学分析，了解这些突变型代表几个基因，各个基因在染色体上的位置，这就需要应用互补测验，包括基因精细结构分析等手段。抽提、分离、纯化和测定等都是分子遗传学中的常用方法。在对生物大分子和细胞的超微结构的研究中，还经常应用电子显微镜技术。对于分子遗传学研究特别有用的技术是顺序分析、分子杂交和重组 DNA 技术。

核酸和蛋白质是具有特异性结构的生物大分子，它们的生物学活性决定于它们的结构单元的排列顺序，因此常需要了解它们的这些顺序。如果没有这些顺序分析，则基因 DNA 和它所编码的蛋白质的线性对应关系便无从确认；没有核酸的顺序分析，则插入顺序或转座子两端的反向重复序列的结构和意义便无从认识，重叠基因也难以发现。

分子遗传学是从微生物遗传学发展起来的。虽然分子遗传学研究已逐渐转向真核生物方面，但是以原核生物为材料的分子遗传学研究还占很大的比例。此外，由于微生物便于培养，所以在分子遗传学和重组 DNA 技术中，微生物遗传学的研究仍将占有重要的位置。

分子遗传学方法还可以用来研究蛋白质的结构和功能。例如可以筛选得到一系列使某一蛋白质失去某一活性的突变型。应用基因精细结构分析可以测定这些突变位点在基因中的位置。另外，通过顺序分析可以测定各个突变型中氨基酸的替代，从而判断蛋白质的哪一部分和特定的功能有关，以及什么氨基酸的替代影响这一功能等。

生物进化的研究过去着眼于形态方面的演化，以后又逐渐注意到代谢功能方面的演变。自从分子遗传学发展以来，又注意到 DNA 的演变、蛋白质的演变、遗传密码的演变，以及遗传机构包括核糖体和 tRNA 等的演变。通过这些方面的研究，对于生物进化过程将会有更加本质性的了解。

分子遗传学也已经渗入到以个体为对象的生理学研究领域中，特别是对免疫机制和激素的作用机制的研究。随着克隆选择学说的提出，目前已经确认动物体的每一个产生抗体的细胞，只能产生一种或者少数几种抗体，而且已经证明这些细胞具有不同的基因型。这些基因型的鉴定和来源的探讨，以及免疫反应过程中特定克隆的选择和扩增机制等，既是免疫遗传学也是分子遗传学研究的课题。

基本小知识

抗　体

抗体指机体的免疫系统在抗原刺激下，由 B 淋巴细胞或记忆细胞增殖分化成的浆细胞所产生的、可与相应抗原发生特异性结合的免疫球蛋白，主要分布在血清中，也分布于组织液和外分泌液中。

将雌性激素注射给雄鸡，可以促使雄鸡的肝脏细胞合成卵黄蛋白。这一事实说明雄鸡和雌鸡一样，在肝脏细胞中具有卵黄蛋白的结构基因，激素的作用只在于激活这些结构基因。

激素作用机制的研究也属于分子遗传学范畴，属于基因调控的研究。个体发生过程中一般并没有基因型的变化，所以发生问题主要是基因调控问题，也属于分子遗传学研究范畴。

分子遗传学研究的方法，特别是重组 DNA 技术已经成为许多遗传学分支学科的重要研究方法。分子遗传学也已经渗入到许多生物学分支学科中，以分子遗传学为基础的遗传工程则正在发展成为一个新兴的工业生产领域。

◎ 系统遗传学

1991～1997 年，中国科学家曾邦哲发表《结构论－泛进化理论》系列论文，阐述生物系统的结构整合，调适稳态、建构分层理论，以及系统医药学、系统生物工程学与系统遗传学的概念，并创造了"系统遗传学"术语，提出经典、分子与系统遗传学发展观。

曾邦哲

2003 年，挪威科学家（之前与曾邦哲也有关于遗传学概念的通信）称之为整合遗传学，并建立了研究中心。2005～2008 年，国际系统遗传学研究迅速发展，欧美国家建立了许多系统遗传学研究中心和实验室。2008 年，美国国立卫生研究院设立肿瘤的系统遗传学研究专项基金。2008 年 3 月，美国加利福尼亚州举办了整合与系统遗传学会议。2009 年 10 月，荷兰召开了系统遗传学研讨会。

系统遗传学，采用计算机建模、系统数

学方程、纳米高通量生物技术、微流控芯片实验等方法，研究基因组的结构逻辑、基因组精细结构进化、基因组稳定性、生物形态图式发生的细胞发生非线性系统动力学。

系统遗传学及其应用技术——合成生物学，包括生物反应器与细胞计算机等技术开发，继孟德尔遗传学、华生和克里克的分子遗传学，以及遗传育种、细胞杂交、转基因生物等技术之后，将成为 21 世纪遗传学与遗传工程发展的新趋势，将为揭示生物系统进化的机理，研究基因组的结构、功能与演化的组织系统，探索从基因组到生物体的"基因型—表现型"复杂系统，涉及医学遗传学、医学心理学等基因系统调控、信号传导网络研究，以及为肿瘤、遗传病、精神病、衰老等疾病发生的诊断与药物筛选、制药产业等开拓了新的途径。

拓展阅读

精神病

精神病指严重的心理障碍，患者的认识、情感、意志、动作行为等心理活动均可出现持久的明显的异常；不能正常地学习、工作、生活；动作行为难以被一般人理解；在病态心理的支配下，有自杀或攻击、伤害他人的动作行为。

◎ 人类遗传学

人类遗传学即以人作为研究对象的遗传学，与动植物和微生物的遗传学不同，主要是因为不能用人作杂交实验，故在各方面受到很大限制，因此初期的人类遗传学仅仅停留在分析研究血型等正常性，以及患病后所显示的异常性等的遗传方式方面。

进入 20 世纪后半叶，又发展了应用统计学方法的群体遗传学，并在人类群体的研究中得到广泛应用。又因为生化遗传的研究取得了进展，从而有可能在分子水平上分析遗传性的血液病及代谢异常的遗传机理，在临床诊断和治疗上做出了贡献。另一方面，随着染色体研究技术的飞速进步，染色体异常引起的疾病已经清楚了。另外，利用细胞培养也提供了绘制详细染色体图的可能性。人类遗传学由于这些研究领域的进展，而在临床医学、优生学等应用科学方面正在起着越来越大的作用。

优生学

优生学就是专门研究人类遗传，改进人种的一门科学。优生的目的是提高人口质量，包括两个方面：一是积极的优生学；二是消极的优生学。积极的优生学是促进体力和智力上优秀的个体优生，即用分子生物学和细胞分子学的研究，修饰、改造遗传的物质，控制个体发育，使后代更加完善，真正做到操作和变革人类自身的目的。消极的优生学是防止或减少有严重遗传性和先天性疾病的个体的出生。后者是人类最基本的，有现实价值的预防性优生学。

研究人类在形态、结构、生理、生化、免疫、行为等各种性状的遗传上的相似和差别，人类群体的遗传规律，以及人类遗传性疾病的发生机理、传递规律和如何预防等方面的遗传学分支学科。如果着重于人类遗传性疾病的研究，则称为医学遗传学。

人类遗传学的基本规律来自果蝇和植物的遗传学研究，而后不断地引进其他有关学科的方法学，并使其研究内容适应医学需要而得以迅速发展。人类遗传学各个分支学科的研究成果对于医疗保健事业和人群遗传素质的改进有重要意义，也有助于对人种的发生、人种的差异及民族和群体的变迁等人类学问题的了解。

奠定近代人类遗传学基础的是英国的高尔顿，他注意到"先天与后天"的区别和联系，提出了优生学这一名词，并首倡双生儿法，用来研究遗传与环境的关系。1905 年，美国法拉比首次报道了人类的某些疾病（如短指趾畸形的遗传）是符合孟德尔遗传定律的。1908 年，英国数学家 G. H. 哈迪和德国内科医生 W. 魏因贝格各自发现了在随机婚配群体中的遗传平衡法则，奠定了人类群体遗传学的理论基础。1924 年，伯恩斯坦通过对人类的 A、B、O 血型遗传的研究，提出了复等位基因学说，成为人类免疫遗传学的先驱。1902 年，英国医学家 A. E. 加罗德报道尿黑酸尿症，提出了人类先天性代谢缺陷概念。1949 年，美国生物化学家 L. C.

你知道吗

唐氏综合征

唐氏综合征又称先天愚型，是小儿最为常见的由常染色体畸变性所导致的出生缺陷类疾病。顾名思义，该病是由先天因素造成的具有特殊表型的智能障碍。我国活产婴儿中该病的发生率为 0.5‰～0.6‰，男女之比为 3∶2，60% 的患儿在胎儿早期即夭折流产。患儿的主要临床特征为智能障碍、体格发育落后和特殊面容，并伴有多发畸形。

波林在研究镰形细胞贫血时提出了分子病概念。1952 年，美国学者 G. T. 科里发现糖元累积病 I 型患者的肝细胞中缺乏葡萄糖 – 6 – 磷酸脱氢，因此将先天性代谢缺陷与酶的缺乏联系起来，从而开创了人类生化遗传学。随后，1956 年庄有兴等首次证实人类体细胞染色体数为 46，1959 年法国遗传学家 J. 勒热纳等发现唐氏综合征是由先天性染色体异常引起的，从而使人类遗传学又派生出新的分支医学细胞遗传学和临床遗传学。20 世纪 60 年代中期，又产生了药物遗传学和体细胞遗传学。特别是 1967 年 M. C. 威斯和 H. 格林首次通过人鼠体细胞融合的方法，确定了胸腺嘧啶激基因位于人的 17 号染色体上，从此全面地开展了人的基因定位工作。20 世纪 70 年代以来，采用了分子遗传学的方法，特别是工具的应用，有力地推动了基因定位和产前诊断研究工作的发展。

遗传的规律

这是一个真实的关于基因遗传的故事。

19世纪中叶，葡萄牙水手约瑟芬告别了水手生涯，登上加利福尼亚海岸，加入淘金者的行列，开始了他在美国的新生活。几年后，他果然发了财，买了一块牧场，雄心勃勃地干起自己的事业来。正当他刚刚迈入成功的征途时，巨大的不幸落在了他的头上。他突然得了一种不治之症，口齿不清，四肢无力，严重时手脚痉挛，虽多方求医，却无人能治，45岁便遗憾地告别了人世。

更严重的是，病魔并不单单眷顾约瑟芬本人，而是在他的家族中长久地停留下来。约瑟芬的后代中，每一代都有人患上那种奇怪的病而死去。他们自己也不清楚究竟是误吃了什么东西还是冒犯了什么神灵。直到100年后的20世纪80年代，美国遗传学家调查了近百名约瑟芬家族的成员，才揭开了这个谜：老约瑟芬留给他们的遗产，除了那块肥沃的牧场外，还有他那种不治之症！一条由血缘结成的特殊纽带——遗传基因，把这个家族成员的生理命运连在了一起。"种豆得豆，种瓜得瓜"的生命遗传法则，在神秘的约瑟芬家族病史得到了验证。

双螺旋结构模型的建立和遗传信息传递中心法则的提出，使人们认识到遗传基因是细胞内染色体上DNA（某些病毒为RNA）分子长链上的某一个片段，它含有特定的遗传信息，是遗传物质的最小功能单位。遗传信息的传递，一条途径是DNA的自我复制，另一条途径是由信使RNA携带，在蛋白质的合成中得到表达。

在正常情况下，基因的遗传作用带给每个人一个正常的身体。基因不仅控制着机体最终长成的样子，而且在发育过程中，还控制着在什么时候、什么部位长出什么器官，从而保证人体的正常发育。基因不仅控制着人体构造，而且也控制着人体的生理功能。

基因控制着生物的性状甚至寿命，但基因也不是一成不变的，它受细胞内部、外部环境的影响，也可能发生突变。动植物和人的遗传病，都是由于基因突变所致。人的色盲、白化病、糖尿病及有些贫血症都属于基因突变的遗传病。

遗传既能把优良的性状传给下一代，又能把不好的性状传给下一代。那么，这种世代间普遍的遗传现象是怎么实现的呢？遗传基因所包含的特定信息是怎样被传递的呢？人类苦苦思索，不断探求，终于发现了孟德尔第一遗传定律——分离定律；孟德尔第二遗传定律——自由组合定律；摩尔根第三遗传定律——连锁与互换定律，它们一起成为经典遗传学的三大定律。

拓展阅读

糖尿病

糖尿病是由遗传因素、免疫功能紊乱、微生物感染及其毒素、自由基毒素、精神因素等各种致病因子作用于机体，导致胰岛功能减退等而引发的糖、蛋白质、脂肪、水和电解质等一系列代谢紊乱综合征。临床上以高血糖为主要特点，典型病例可出现多尿、多饮、多食、消瘦等表现，即"三多一少"症状。糖尿病（血糖）一旦控制不好会引发并发症，导致肾、眼、足等部位的衰竭病变，且无法治愈。

基本小知识

色 盲

色盲是一种先天性色觉障碍疾病。色觉障碍有多种类型，最常见的是红绿色盲。根据三原色学说，可见光谱内任何颜色都可由红、绿、蓝三色组成。如能辨认三原色的都为正常人，三种原色均不能辨认的称全色盲。辨认任何一种颜色的能力降低者称色弱，主要有红色弱和绿色弱。

◎ 遗传学第一定律：分离定律

孟德尔最突出的研究是进行了植物杂交的实验。其中以豌豆杂交实验最为有名。他提出的分离定律就是在进行了8年的豌豆杂交实验的基础上归纳出来的。他仔细检查了数以万计的豌豆植株，对7对相对性状连续各代的表现进行观察对比、统计分析，从大量的数据中揭示了两个重要的遗传定律：分离定律和自由组合定律。

趣味点击　　自花授粉

自花授粉是指一株植物的花粉，对同一个体的雌蕊进行授粉的现象。在两性花的植物中，又可分为同一花的雄蕊与雌蕊间进行授粉的同花授粉（菜豆属）和在一个花序（个体）中不同花间进行授粉的邻花授粉，以及同株不同花间进行授粉的同株异花授粉。被子植物大多为异花授粉，少数为自花授粉。

为什么选择豌豆呢？这是因为豌豆有许多优点适合于做植物杂交实验。首先，豌豆的生育期较短且易栽培；其次，豌豆有许多品种，在植株高度、花色、种皮颜色等性状上都能非常稳定地遗传给下一代，因此，把它们区别开来是很方便的；再次，豌豆通常是严格自花授粉的植物，自花授粉不易受外来花粉的干扰；最后，豌豆的花很大，易于人工授粉杂交，把豌豆的龙骨花瓣切下来就能看到里

豌　豆

面的雄蕊和雌蕊。雄蕊成熟后能释放大量的花粉粒（雄性生殖细胞），中间是

雌蕊（柱头和子房），因此，只要把花中的雄蕊去掉就能进行植物杂交实验了。

孟德尔仔细观察了豌豆的 7 组差别鲜明的性状：

（1）花的颜色。

红色和白色。

（2）种子的形状。

圆形和皱形。

（3）子叶的颜色。

黄色和绿色。

（4）花着生的位置。

腋（即枝杈）生和顶生。

（5）成熟的豆荚形状。

膨大和萎缩。

（6）未成熟的豆荚颜色。

绿色和黄色。

（7）植株的整体。

高和矮。

拓展阅读

孟德尔

孟德尔（1822—1884），出生于奥地利西里西亚，是遗传学的奠基人，被誉为现代遗传学之父。1822 年，孟德尔出生在一个贫寒的农民家里，父母都是园艺家。孟德尔童年时受到园艺学和农学知识的熏陶，对植物的生长和开花非常感兴趣。他通过豌豆实验，发现了遗传学两大定律：分离定律和自由组合定律。

豌豆的花色、高度，这些都是性状。花色的红与白，植株的高与矮，这种同一性状的不同表现类型叫相对性状。

我们来看看孟德尔的实验过程和实验结果。

首先，对具有上述单个的相对性状的亲代（或称亲一代）进行杂交，7 组相对性状分别做了 7 次杂交。结果所有亲代杂交产生的下一代（称为子一代）都只表现一个亲代的性状。例如，开红色花的植株与开白色花的植株杂交后，子一代总是清一色的红花；黄色子叶的植株与绿色子叶的植株杂交，子一代总是清一色的具有黄色子叶的植株。

这就提出一个问题，为什么在杂交的子一代中有一个亲代的性状隐藏起来了呢？它是不是永远消失了呢？孟德尔决定做子二代的实验来回答这个问题。所谓子二代就是用子一代进行杂交所得到的下一代。

你知道吗

性状分离

性状分离是具有一对相对性状的亲本杂交，F_1 全部个体都表现显性性状，F_1 自交，F_2 个体大部分表现显性性状，小部分表现隐性性状的现象。这种在杂交后代中显出不同性状的现象，就叫性状分离。分离出来的就是隐性性状。

结果奇迹出现了。在子二代中，祖父、祖母（亲一代）的性状都出现了。孟德尔通过分类统计发现它们还有一定的比例。例如，亲一代分别具有红花或白花的性状，则子二代中有 705 个是开红花的，224 个是开白花的，两者的比例约是 3:1。在子一代中"消失"了的亲代的白花性状在子二代中又重现了，读者想一想，这说明了什么？这说明它实际上并没有消失，而是以被遮蔽的状态隐藏起来了。

例如，用红花豌豆与白花豌豆杂交，也就是说亲一代杂交（亲一代可以用符号 P 来表示）产生子一代，子一代（符号为 F_1）全是红花豌豆，如果让子一代 F_1 植株自交（自花授粉），得到的后代即子二代（符号为 F_2）。F_2 是 F_1 个体自体受精或 F_1 个体互相交配所产生的子代，F_2 有红花的，也有白花的，出现性状分离，我们从下图来看这个杂交过程和结果。

亲一代 P：红花 P × 白花 P

↓

子一代 F_1：红花 F_1 × 红花 F_1

↓

子二代 F_2：红花 F_2 $\left(\dfrac{3}{4}\right)$ × 白花 F_2 $\left(\dfrac{1}{4}\right)$

（× 代表杂交）

孟德尔把红色花与白色花这一对性状分别称为显性性状和隐性性状。在豌豆的其他 6 对相对性状的杂交实验中，也都分别得到同样的结果：子一代 F_1 只表现一个亲一代的性状，而所有的子二代 F_2 都毫不例外地呈现了亲一代的显性性状与隐性性状的分离比为 $3:1$。

这种情况怎样解释？为什么总是 $3:1$ 呢？造成这个现象的原因是什么呢？孟德尔提出了一个假设。他认为，豌豆的性状是由遗传因子控制的。每对相对性状是由细胞中相对的遗传因子所控制，我们可以用大写字母来表示显性遗传因子，

趣味点击　　显性遗传

显性遗传受显性基因控制，在同源染色体上，两个同型显性基因成对存在，或显性、隐性基因成等位基因存在时，才显现出来。这种遗传方式就称为显性遗传。

用小写字母来表示隐性遗传因子，例如用 C 表示豌豆控制红花的遗传因子，用 c 表示豌豆控制白花的遗传因子。遗传因子 CC 的植株表现为红花，遗传因子 cc 的植株表现为白花，那么遗传因子 Cc 的植株表现为什么颜色呢？由于 C 为显性遗传因子，c 为隐性遗传因子，两个放在一起，显性遗传因子就压过了隐性遗传因子的作用，从而遗传因子 Cc 的植株就表现为红花。

孟德尔认为，遗传因子在体细胞中成对存在，成对的遗传因子，一个来自父本，一个来自母本。在形成配子时，成对的遗传因子彼此分离，分配到不同的配子中去，每个配子只具有成对遗传因子中的一个。杂交子一代的体细胞内的遗传因子是杂合的（Cc），但它们彼此独立存在，互不干涉，只表现显性遗传因子所控制的性状。到杂交子二代，由于显、隐性遗传因子的分离，由隐性遗传因子控制的隐性性状又表现出来，并通过组合使显、隐性性状呈现一定的比例。

为了验证这个假设，孟德尔设计了一个巧妙的验证方法，即测交。所谓测交，就是把杂交子一代与隐性亲一代再进行交配。我们还用上面的豌豆花的颜色遗传的例子来说明。用子一代 F_1 与隐性亲一代，即白花豌豆再进行杂

交。如果上述的假设成立，那么测交子代应该得到红花豌豆和白花豌豆两种类型，且其比例应该为1:1，从而证明 F_1 的遗传因子在形成配子时发生了分离。结果证明了孟德尔的假设。测交的后代中，红花豌豆和白花豌豆的比例就是1:1。

基本小知识

杂 交

　　杂交是指两条单链 DNA 或 RNA 的碱基配对，遗传学中经典的也是常用的实验方法，通过不同的基因型的个体之间的交配，而取得某些双亲基因重新组合的个体的方法。一般情况下，把通过生殖细胞相互融合而达到这一目的过程称为杂交。而把由体细胞相互融合达到这一结果的过程称为体细胞杂交。

　　这个实验就叫测交实验，孟德尔提出的测交检验法，现在已被广泛地应用。

　　后来，1909 年，丹麦遗传学家约翰孙把孟德尔的遗传因子称为基因。CC 和 cc 中两个基因相同，叫纯合体（或纯合子），Cc 叫杂合体（或杂合子）。合子就是成对的遗传因子的意思。CC、cc 和 Cc 叫基因型，它们表现出来的性状，如红花、白花叫表现型。

　　表现型变化幅度很大，常常依赖于环境的改变而改变。例如，高的植株可以由于土壤的贫瘠、光照的不足等不利因素而长成矮的植株。基因型是看不见、摸不着的，即便是在现代科学条件下，人们也仍然不能看到基因的内部结构，但是，基因型可从性状在遗传学实验中的表现来推知。一般来说，基因型是稳定的，不会因为环境的变化而改变。

　　表现型和基因型两者既有区别也有联系。表现型是基因型和环境相互作用的结果，是受精卵通过个体发育而逐渐形成的性状。基因型是表现型的基础，是表现型的根据。两者也有不一致的地方，如表现型是红花的豌豆植株，它的基因型可以是纯种的 CC，也可以是杂交的 Cc。究竟这种表现型属于哪一种基因型，要从这个表现型栽培的"家史"中去调查研究，也可以通过和隐性植株杂交来测定。

如果结合我们前面所谈到的染色体减数分裂，我们就不难理解分离定律了。基因位于染色体上，染色体复制，其上的基因也复制。在减数分裂过程中，同源染色体彼此分离，同源染色体上的成对遗传因子如 Aa 也随之而彼此分离。这成对的遗传因子 Aa 在遗传学上称为等位基因，因为 A 和 a 这两个基因处在同源染色体的对等位置上。由于在减数分裂过程中同源染色体分离，其上的等位基因也随之而分离，这就是分离定律的机理。

知识小链接

同源染色体

同源染色体是有丝分裂中期看到的长度和着丝点位置相同的两个染色体，或减数分裂时看到的两两配对的染色体。同源染色体一个来自父本，一个来自母本；它们的形态、大小和结构相同。由于每种生物染色体的数目是一定的，所以它们的同源染色体的对数也是一定的。

为了更清楚地说明分离定律，我们需要仔细解释一下什么是等位基因。所谓等位基因，就是控制着相对性状的一对基因。它们一个来自父亲，一个来自母亲。现在已经知道基因在染色体上，大部分生物都有两套形状和大小完全相同的染色体，等位基因就是在这两套染色体上所占的位置完全一样的相对的基因。一般来说，等位基因的一个基因控制显性性状，另外一个基因控制隐性性状。孟德尔所观察的相对性状，如红花与白花、圆粒种子与皱粒种子、高植株与矮植株，都是由一对等位基因所控制着的。

等位基因存在于染色体上，成双存在。在形成配子时，配对存在的同源染色体，一个来自父本，一个来自母本，在减数分裂过程中能彼此分离，分配到配子中去，在配子中染色体成单存在，因此每个配子只分配到每对同源染色体中的一个。这样，等位基因也彼此分离，分配到配子中去，在配子中成单存在。当雌、雄配子受精结合，同源染色体又恢复成双存在，而等位基因也就重新配对，并构成新的基因型和表现型。

我们现在可以总结一下分离定律了，这条定律可以用一句话来概括，就是：在生物遗传中，成对的遗传因子在形成配子时彼此分离，相互不发生影响。这个定律又被称为孟德尔第一定律，或者遗传学第一定律。

另外，人们发现分离定律也存在几种例外情况，这就是不完全显性、等显性、超显性等。

所谓不完全显性是指将显性遗传因子的生物与隐性遗传因子的生物杂交，其子一代的表现型介于显性和隐性之间，所以也叫半显性遗传。

所谓等显性是指在 F_1 杂交中，两个亲一代的性状都表现出来的现象，如有人用红毛牛（RR）与白毛牛（rr）杂交，F_1 的牛（Re）呈现为浅红灰色，但仔细地看，则是红毛和白毛混杂在一起，所以是一种等显性。

所谓超显性是指杂合体的性状表现超过纯显性的现象。例如，果蝇杂合体白眼的荧光色素的量超过白眼纯合体。

我们还需要知道的是，在生物的性状表现中，不仅受基因的控制，也受环境的影响。任何性状的表现都是基因型和内外环境条件相互作用的结果。

◎遗传学第二定律：自由组合定律

不难看出，遗传学第一定律，即分离定律所解释的是一对相对性状在生物遗传过程中的作用和表现。那么，两对相对性状在生物遗传过程中又是如何作用的呢？它们之间会不会相互干扰？生物杂交后这两对性状是如何表现的？如果有 3 对性状或更多呢？这就是遗传学第二定律要解决的问题，这个定律又被称为自由组合定律或者孟德尔第二定律。

一对相对性状的遗传符合分离定律，那么孟德尔紧接着就想到，两对或更多对相对性状的杂交是否也可以用分离定律来解释呢?

于是，孟德尔做了一些实验来验证他的这个想法。他选择了两个豌豆亲一代进行杂交：一个是双显性亲一代，种子是圆粒的、黄色的；一个是双隐性亲一代，种子是皱粒的、绿色的。其中豌豆种子圆粒（用大写字母 R 来表示）相对于皱粒（用小写字母 r 来表示）来说为显性，豌豆种子黄色（用大写字母 Y 来表示）相对于绿色（用小写字母 y 来表示）来说是显性。

孟德尔用黄色圆粒种子的豌豆，与绿色皱粒种子的豌豆杂交，得到子一代 F_1 种子，F_1 种子都是黄色圆粒的，把 F_1 种子种下去长成植株，再进行自交，所得到的 F_2 种子出现了 4 种类型，其中两种类型与亲一代相同，两种为双亲性状重组的新类型，这 4 种类型表现出一定的比例。其比例为 9（黄圆）：3（绿圆）：3（黄皱）：1（绿皱）。

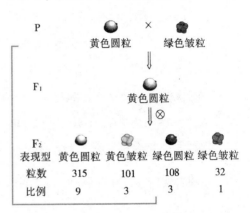

黄色圆粒豌豆与绿色皱粒豌豆杂交

一方面，从一对性状中所得到的分离定律，在这里仍然得到了验证。因为，分别就一对性状来说，圆粒: 皱粒 =（9＋3）:（3＋1）＝12:4＝3:1；黄色: 绿色 =（9＋3）:（3＋1）＝12:4＝3:1。每一对相对性状的分离比例都为3:1，说明在杂交后代中，各相对性状的分离是独立的、互不干扰的。也就是说，种子颜色的分离和种子形状的分离彼此互不影响。

另一方面，子二代 F_2 出现了圆粒黄色、圆粒绿色、皱粒黄色、皱粒绿色四种子代。并且还有一个 9:3:3:1 的比例，这又作何解释呢?

孟德尔设想：豌豆的种子，黄色与绿色这一对相对性状是由一对遗传因子 Y 和 y 控制的；豌豆的粒形，圆粒与皱粒这一对相对性状是由另一对遗传因子 R 和 r 控制的。如果一个亲一代是黄色圆粒豌豆（YYRR），按照分离定律它只能产生一种配子 YR，另外一个亲一代是绿色皱粒豌豆（yyrr），也只能产生一种配子 yr。两个亲本杂交，受精时雌雄配子结合，其子一代 F_1 种子的基因型为 YyRr，表现为黄色圆粒。

F_1 植株在产生配子时，成对的遗传因子彼此分离，各自独立地分配到配子中去，从而使得同对的遗传因子彼此分离，不同对的遗传因子自由组合，这个组合细化就是：

（1）Y 可以跟 R 在一起形成 YR。

（2）Y 也可以跟 r 在一起形成 Yr。

（3）y 可以跟 R 在一起形成 yR。

（4）y 也可以跟 r 在一起形成 yr。

因此，产生 4 种配子 YR、Yr，yR、yr，这 4 种配子的比例是相等的。

雌雄配子结合在一起就会产生 16 种随机组合，产生的 F_2 种子有 9 种基因型，4 种表现型，其中黄圆占 $\frac{9}{16}$，绿圆占 $\frac{3}{16}$，黄皱占 $\frac{3}{16}$，绿皱占 $\frac{1}{16}$，从而表现的比例为 9∶3∶3∶1。

用绿色圆粒与黄色皱粒种子的植株杂交，也能获得上述同样的性状分离和性状的自由组合现象。

为了验证上述解释是否符合科学事实，孟德尔仍然采用了测交的验证方法，即把子一代 F_1 与隐性亲本杂交，也就是说让子一代 F_1（YyRr）与双隐性亲本（yyrr）杂交。如果上述推理过程是正确的，当 F_1 形成配子时，不论雌配子或雄配子，都产生四种类型的配子：YR、Yr、yR、yr，且呈现 1∶1∶1∶1 的比例，而双隐性亲本只形成一种配子 yr。因此，测交所获得的后代的表现型和比例，能够反映 F_1 所产生配子的类型及其比例。结果应该如何呢？

读者不难得出结论：其比例应该为 YyRr∶Yyrr∶yyRr∶yyrr = 1∶1∶1∶1。

孟德尔检验的实际结果和他的理论推断是完全一致的。测交后代四种类型的比例呈 1∶1∶1∶1。

以上就是自由组合定律，又称为孟德尔第二定律，或者是遗传学第二定律。我们来总结一下，自由组合定律的实质就是在杂种形成配子的过程中，不同对的遗传因子进行自由组合。读者就会问了，两对相对性状的遗传符合自由组合定律，那么3对呢？4对或者更多对的性状遗传是否都符合自由组合定律？

回答是肯定的。两对以上性状的遗传规律，虽然情况稍微复杂一些，但只要各对性状都是独立遗传的，就仍然符合自由组合定律。

◎遗传学第三定律：连锁和互换定律

在孟德尔杂交实验的理论和分析方法的基础下，人们进行了更多的动植物杂交实验工作，并获得了大量的遗传资料，其中属于两对相对性状遗传杂交实验的结果，有的符合自由组合规律，有的则不符合。

1906年，遗传学家贝特森和潘乃特用香豌豆的两对相对性状做杂交实验。这两对相对性状：紫花（R）与红花（r），紫花为显性；长花粉粒（L）与圆花粉粒（l），长花粉粒为显性。他们按照孟德尔的方法进行杂交，先选择了两个亲本，一个亲本是紫花、长花粉粒，另一个亲本是红花、圆花粉粒。实验结果却令他们十分惊讶。因为结果似乎推翻了孟德尔的自由组合定律。

亲一代 P：紫花、长花粉粒 P（RRLL）×红花、圆花粉粒 P（rrll）

    ↓

F_1：   紫花、长花粉粒 F_1（RrLl）×紫花、长花粉粒 F_1（RrLl）

    ↓

F_2：   紫花、长花粉粒 紫花、圆花粉粒 红花、长花粉粒 红花、圆花粉粒

比例： 69.5：5.6：5.6：19.2

从实验结果看，虽然 F_2 也出现4种类型，但表现的比例与自由组合时9：3：3：1的比例相差悬殊，两个亲一代组合（紫花、长花粉粒和红花、圆花粉粒）的实际个体数大于理论数值，而重新组合（紫花、圆花粉粒和红花、长

花粉粒）的实际个体数又比理论数值少得多。也就是说，在他们的杂交实验中，两个相对性状（紫花与红花、长花粉粒和圆花粉粒）的基因并没有分离和自由组合，杂交的子代中绝大部分仍是亲代性状（紫花、长花粉粒和红花、圆花粉粒），自由组合的性状（紫花、圆花粉粒和红花、长花粉粒）则很少，这一结果怎样解释呢？有些学者对孟德尔所揭示的遗传定律曾一度发生怀疑。

趣味点击　果　蝇

　　果蝇广泛地存在于全球温带和热带气候区，而且由于其主食为腐烂的水果，因此在人类的栖息地内如果园、菜市场等地区内皆可见其踪迹。除了南、北极外，目前至少有 1000 个果蝇物种被发现。大部分果蝇物种以腐烂的水果或植物体为食，少部分则以真菌、树液或花粉为食。

　　这时候，美国著名的胚胎学家摩尔根利用果蝇为材料，对这方面的问题进行了深入细致地研究，解开了一些学者的疑团，证实并肯定了同源染色体上的基因的连锁遗传。他揭示的基因的连锁与互换定律，成为遗传学上第三大遗传定律。

　　摩尔根也是选择了两对相对性状的果蝇亲本。一个亲本是灰身、长翅（BBVV）的果蝇，另外一个亲本是黑身、残翅（bbvv）的果蝇。其中灰身（B）相对于黑身（b）是显性性状，长翅（V）相对于残翅（v）是显性性状，这两对相对性状，是由两对等位基因控制的。

　　实验过程是这样的：让灰身、长翅果蝇（BV/BV，这是连锁基因的表示方法，采用这种写法就表示是连锁遗传）与黑身、残翅果蝇（bv/bv）杂交，其子一代 F_1 都是灰身、长翅果蝇（BV/bv）。如果让子一代 F_1 灰身、长翅雄果蝇（BV/bv）与双隐性亲本黑身、残翅果蝇（bv/bv）进行测交，则子二代 F_2 只有两种和亲本一样的类型，即灰身、长翅（BV/bv）和黑身、残翅（bv/bv），各占 50%，比例为 1∶1。很显然，这与自由组合时，测交子代产生 4 种类型成 1∶1∶1∶1 的比例完全不同。

摩尔根认为由于这两对等位基因处在一对同源染色体上，B 和 V 在一条染色体上，b 和 v 在另一条染色体上，它们常联系在一起遗传，染色体到了哪里，它们也随之到了哪里。从而这两对等位基因是连锁的，也就是说，控制这两对相对性状的基因是连在一起遗传的，例如 BV/bv，形成配子时 B 与 V 连在一起，b 与 v 连在一起，即 B 与 V 不分开，b 与 v 不分开，这样 BV/bv 和 bv/bv 杂交时，由于 BV 连在一起，bv 连在一起，结果就产生 BV/bv 和 bv/bv。也就是说，如果两对或两对以上的等位基因位于同一对同源染色体上（或者两个或两个以上的基因位于同一个染色体上），在遗传时，染色体上的基因常连在一起不分离，这就是基因连锁遗传。这和处于非同源染色体的两对等位基因自由组合地遗传是完全不同的。为了让读者能够更轻松地理解，我们将它和自由组合的遗传作以下对比。

◣ 伴性遗传

"伴性遗传"又叫"性连锁"。这种连锁遗传常常与性别联系在一起。譬如，在果蝇中让雄的白眼果蝇跟雌的红眼果蝇交配，所生的后代都是红眼果蝇，让这些红眼果蝇自相交配，所得 F_2 有红眼的也有白眼的，红眼对白眼的比例是 3：1。但奇怪的是所有的白眼果蝇都是雄的。这表示白眼这一性状与性别相联系，故称为"伴性遗传"。

伴性遗传可归纳为下列规律：

（1）当同配性别的性染色体，如哺乳类等 XX 为雌性，鸟类 ZZ 为雄性，传递纯合显性基因时，F_1 雌、雄个体都为显性性状，F_2 性状的分离呈 3 显性：1 隐性，性别的分离呈 1 雌：1 雄。其中隐性个体的性别与祖代隐性体一样，即 $\frac{1}{2}$ 的外孙与其外祖父具有相同的表型特征。

（2）当同配性别的性染色体传递纯合体隐性基因时，F_1 表现为交叉遗传，即母亲的性状传递给儿子，父亲的性状传递给女儿，F_2 中性状与性别的比例均表现为 1:1。

（3）存在于 Y 染色体差别区段上的基因（特指人类或哺乳类）所决定的性状，或由 W 染色体所携带的基因所决定的性状，仅仅由父亲（或母禽、母鸟）传递给其儿子（或雌禽、母鸟），表现为特殊的 Y 连锁（或 W 连锁）遗传。

常人有 23 对（46 条）染色体，其中 22 对是常染色体，另一对是性染色体，女性为 XX，男性为 XY。每一对染色体上有许多基因，每个基因在染色体上所占的部位称位点。基因由去脱氧核糖核酸（DNA）组成，当 DNA 的结构变异为致病的基因时，临床上即出现遗传性疾病。遗传病通常具有先天性、家族性、罕见性和终生性的特征。

遗传性疾病通常可分为三类：

（1）染色体疾病主要是染色体数目的异常，又分为常染色体异常和性染色体异常。

（2）单基因遗传病指同源染色体上的等位基因，其中的 1 个或 2 个发生异常，根据遗传方式又分为三种：常染色体显性遗传、常染色体隐性遗传、伴性遗传。

你知道吗

唇裂

唇裂俗称"兔唇"，指上唇有裂开者，是先天畸形的一种。唇裂是口腔颌面部最常见的先天性畸形，常与腭裂伴发。正常的胎儿，在第五周以后开始由一些胚胎突起逐渐互相融合形成面部，如未能正常发育便可发生畸形，其中包括唇裂。

伴性遗传的致病基因存在于性染色体上，多在 X 染色体上，故又称为 X–伴性遗传。根据致病基因在 X 染色体上的显隐性，又可分为 X–伴性显性遗传和 X–伴性隐性遗传两种，尤以后者多见，如血友病、色盲、肌营养不良等。伴 X–隐性遗传的女性杂合子并不发病，因为她有两条 X 染色体，虽然一条有致病隐性基因，但另一条则是带有显性的正常基因，因而她仅仅是个携带者而已；伴 X – 显性遗传的女性会患病，但男性只有一条 X 染色体，因此一个致病隐性基因也可以发病，常常是舅舅和外甥患同一种疾病。

（3）多基因遗传是由几个致病基因共同作用的结果，其中每个致病基因仅有微小的作用，但由于致病基因的累积就可形成明显的遗传效应。环境因素的诱发常是发病的先导，如唇裂、腭裂、精神分裂症等。

◎ 芦花鸡的遗传

伴性遗传在动物中是很普遍的现象。芦花鸡的遗传就是一个典型的例子。

芦花鸡的特点是羽毛黑白相间，形成芦花条纹。如用雄的芦花鸡与雌的非芦花鸡杂交，F_1 不管是雄是雌，全为芦花鸡。让这些芦花鸡交配，在 F_2 中，雄的全是芦花鸡，雌的一半芦花，一半非芦花。从数量上看，芦花鸡和非芦花鸡之比出现 3 : 1。

芦花鸡

在用雌的芦花鸡与雄的非芦花鸡杂交时，按照孟德尔定律，其 F_1 应该表现一致，但是实际情况却不是这样，雄鸡全是芦花鸡，雌鸡全是非芦花鸡。让这些鸡交配，F_2 也不按 3 : 1 分离，而是一半芦花鸡，一半非芦花鸡，而且在雄鸡中各占一半，在雌鸡中也各占一半。

为什么会出现这样的现象呢？如果假定"芦花"基因（B）在 Z 染色体上，而相应的 W 染色体上不含有等位基因，以上现象就可得到解释。

需要说明的是，这里的"芦花"基因应该是显性基因，因为从芦花鸡和非芦花鸡的杂交第一代全为芦花鸡可以得知。

◎ 人类的色盲遗传

人类有很多疾病经常与性别有关，如色盲、血友病、遗传性肾炎等。这里以色盲为例，分析一下人类的伴性遗传。

最普遍的是红绿色盲，患者不能区别红色和绿色，差不多都是男性，女性色盲极少。据统计，美国白人中男性色盲约10%；女性色盲约1%。

色盲的遗传规律是：一般由男人通过他的女儿传给他的外孙。为什么会是这样呢？原来色盲是由一个隐性基因控制，这个隐性基因位于一条 X 染色体上，它的等位基因在另一条 X 染色体上，Y 染色体上不含有任何显、隐性基因。色盲男人与正常女人结婚，所生儿女都不是色盲，但女儿却带上了父亲的色盲基因和染色体。这个女儿如与正常男人结婚，所生女儿都不是色盲，但儿子中的半数却是色盲。在人类中，色盲的遗传绝大多数是这样的情况。

正常男人与色盲女人结婚（这种情况十分少见，因为女人中的色盲人数很少），他们所生的女儿不是色盲，但带有色盲基因；儿子全都是色盲。如果色盲男性与带色盲基因的正常女性结婚，后代儿女中就有一半的色盲，而且不是色盲的女儿仍然带有色盲基因。

男性色盲多于女性色盲的原因：①色盲基因是隐性基因，隐性基因只有单独存在时才能表现。②男性只有一条 X 染色体，X 染色体如果有色盲基因，立即可以表现出来，女性有两条 X 染色体，一定要两条 X 染色体上都有色盲基因才会表现色盲。

➡ 遗传与环境

◎ 基因型和表现型

遗传现象是亲子之间性状的相似性。所谓"性状"，就是生物的形态特征和生理特性。比如，小麦穗子的有芒和无芒就是形态特征，小麦的抗病性就是生理特性。如果从表面现象上看，很可能以为生物遗传给后代的是性状。其实生物的任何性状都是不能直接遗传的。

现代遗传学认为，亲代遗传给子代的就是一套遗传物质，这些遗传物质构成了生物的遗传基础，我们称之为遗传型或基因型。后代表现出来的各种性状叫表现型。基因型和环境条件共同作用产生表现型。

遗传型、表现型和环境条件三者的关系可以用一个典型的例子来说明。比如，玉米中有一个"日光红"的品种，在日光作用下，这个品种茎秆、叶片、苞叶都表现出淡红色，如果把植株的某一部分遮光，遮光的部分就不表现红色。可见出现红色是表现型，日光是环境条件，出现红色的可能性就是基因型。表现型是可见的，基因型是不可见的，只能通过表现型去认识它。在遗传学中，基因型和表现型是非常严格的两个概念，必须区别清楚。

◎ 遗传的变异和不遗传的变异

我们已经知道，变异就是生物亲代和子代之间的不相似性。变异是生物多样性的来源。譬如，同是小麦，有的有芒、有的无芒；同是高茎豌豆，植株的高度也不完全一样。

面对生物界形形色色的变异，达尔文早就把它们区分为两类：遗传的变异和不遗传的变异。现代遗传学以大量的证据支持了达尔文的论点，同时在认识变异的本质方面，比达尔文当时深刻多了。

凡性状的变异能在后代重复出现的叫可遗传的变异，遗传的变异是由于遗传物质的改变产生的。遗传物质发生改变以后，会影响新陈代谢的生理过程，从而引起性状的变异。但是，也有一些变异并不涉及遗传物质的改变，它们仅仅是由于外界环境条件直接作用于生物体的新陈代谢过程的结果。但是这些性状变异并不遗传给后代。

◎ 遗传和个体发育的关系

亲代遗传给子代的是一整套遗传物质。这一整套遗传物质只有在一定的环境条件下，通过个体发育，才能形成与亲代相似的各种性状。也就是说，从遗传型到表现型有一个个体发育的过程。个体发育的过程就是生物体从受精卵开始，吸收外界环境中的物质转化为自身物质的过程，这种转化的结果最后表现为性状。这一转化过程是由基因型决定的，基因型不仅设计了性状发育的"蓝图"，而且还规定了性状发育的严格顺序和表现时间。

拓展阅读

生化过程

细菌和其他微生物在代谢过程中，将复杂的有机物分解成为简单的、较稳定的物质的过程。受污染河流的自净、淤泥消化等都是生化过程的结果。

性状的表现与生物体内的生化过程有关。例如，植物茎、叶的绿色是由于形成了叶绿素。春天各种花的颜色是由于形成了不同的花青素和类胡萝卜素。如果形成这些色素的生化过程中断了，绿色植物就会表现"贫绿病"。

性状与生化过程有关，而生化过程又是受高效生物催化剂——酶的影响的。例如，玉米的矮生性就是由于玉米植株内生成了一种氧化酶，这种酶破坏了生长点内的生长素，没有生长素，植株就长不高。酶是一种蛋白质，蛋白质的合成是受遗传基因控制的，基因通过控制酶的合成而影响生化过程，进而影响性状。

◎ 环境条件对基因型和表现型的影响

现代遗传学有一个重要的观点，就是基因型的相对稳定性和表现型的相

对不稳定性。基因型的相对稳定性是指在一般环境条件下它不易受影响而发生改变，除非是某些强烈的物理、化学因素改变了基因的结构或成分，或者外界条件本身就是遗传物质。表现型则不一样，它受环境条件的影响很大，这就是同一种基因型在不同条件下会出现各种表现型的缘故。例如，有一种水生植物叫水毛茛，它的叶片的形态因外界条件的不同而有很大差异，当浸泡在水中时，叶片长成丝状，而在水面外的叶子却是正常的扁形叶。

水毛茛

遗传与变异

遗传和变异是生物界最普遍和最基本的两个特征。遗传从现象来看是亲子代之间的相似现象，即俗语所说的"种瓜得瓜，种豆得豆"。它的实质是生物按照亲代的发育途径和方式，从环境中获取物质，产生和亲代相似的复本。遗传是相对稳定的，生物不轻易改变从亲代继承的发育途径和方式，因此亲代的外貌、行为习性，以及优良性状可以在子代重现，甚至酷似亲代。而亲代的缺陷和遗传病，同样可以传递给子代。生物和非生物的本质区别之一是生物能够自我复制，从而构成生命的连续系统。遗传是一切生物的基本属性，它使生物界保持相对稳定，使人类可以识别包括自己在内的生物界。

变异是指亲子代之间，同胞兄弟姐妹之间，以及同种个体之间的差异现象。俗语说："一母生九子，九子各异。"世界上没有两个绝对相同的个体，包括双胞胎在内，这充分说明了遗传的稳定性是相对的，而变异是绝对的。

一家三口

我们观察身边很多有生命的物种：动物、植物、微生物，以及我们人类。虽然种类繁多，但在经历了很多年后，人还是人，鸡还是鸡，狗还是狗，蚂蚁、大象、桃树、柳树，以及各种花草等，千千万万种生物仍能保持各自的特征，这些特征包括形态结构的特征和生理功能的特征。正因为生物界有这种遗传特性，自然界各种生物才能各自有序地生存、生活，并繁衍子孙后代。

大家可能会问，生物是一代一代遗传下来，每种生物的形态结构和生理功能应该是一模一样的，但为什么父母所生子女，一人一个样，一人一种性格，各有各的特征。又如把不同人的皮肤或肾脏等器官互相移植，还会发生排斥现象，彼此不能接受，这又如何解释呢？科学家研究的结果告诉我们，生物界除了遗传现象以外还有变异现象，也就是说个体间有差异。例如，一对夫妇所生的子女，各有各的模样，丑陋的父母生出漂亮的孩子，平庸的父母生出聪明的孩子，这类情况也并不罕见。全世界恐怕很难找出两个一模一样的人，即使是双胞胎，外人看起来好像一模一样，但是与他们朝夕相处的父母却能分辨出他们之间的细微差异，这种现象就是变异。人类中多数变异现象是由于父母亲遗传基因的不同组合。每个孩子都从父亲那里得到遗传基因的一半，从母亲那里得到另一半，每个孩子所得到的遗传基因虽然数量相同，但内容有所不同，因此每个孩子都是一个新的组合体，与父母不一样，兄弟姐妹之间也不一样，而形成彼此间的差异。

正因为有变异现象，人类才有众多的民族。人们可以很容易地从人群中认出张三、李四。如果没有变异，大家全都是一个样，社会上的麻烦事就多了。除了外形有不同，变异还包括构成身体的基本物质——蛋白质也存在着变异，每个人都有他自己特异的蛋白质，所以如果皮肤或器官从一个人移植到另一个人身上时，便会发生排斥现象，这就是因为他们之间的蛋白质不一样的缘故。

生物的遗传与变异是同一事物的两个方面，遗传可以发生变异，发生的变异可以遗传。正常健康的父亲，可以生育出智力与体质方面有遗传缺陷的子女，并把遗传缺陷（变异）传递给下一代。

双胞胎

生物的遗传和变异是否有物质基础的问题，在遗传学领域内争论了数十年之久。在现代生物学领域中，一致公认生物的遗传物质在细胞水平上是染色体，在分子水平上是基因，它们的化学构成是脱氧核糖核酸（DNA），在极少数没有 DNA 的原核生物中，如烟草花叶病毒等，核糖核酸（RNA）是遗传物质。

真核生物的细胞具有结构完整的细胞核，在细胞质中还有多种细胞器，真核生物的遗传物质就是细胞核内的染色体。但是，细胞质在某些方面也表现有一定的遗传功能。人类亲子代之间的物质联系是精子与卵子，而精子与卵子中具有遗传功能的物质是染色体，受精卵根据染色体中 DNA 蕴藏的遗传信息，发育成和亲代相似的子代。

遗传和可以遗传的变异都是由遗传物质决定的。这种遗传物质就

你知道吗

烟草花叶病毒

烟草花叶病毒是烟草花叶病等的病原体。烟草花叶病和番茄花叶病早为人所了解。叶上出现花叶症状，生长陷于不良状态，叶常呈畸形。

是细胞染色体中的基因。人类染色体与绝大多数生物一样，是由 DNA（脱氧核糖核酸）链构成的，基因就是在 DNA 链上的特定的一个片段。由于亲代染色体通过生殖过程传递给子代，这就产生了遗传。染色体在生物的生活或繁殖过程中也可能发生畸变，基因内部也可能发生突变，这都会导致变异。

如遗传学指出，患色盲的父亲，他的女儿一般不表现出色盲。但她已获得了其亲代的色盲基因，她的下一代中，儿子将因获得色盲基因而患色盲。

变异也可以完全由环境因素造成，例如患小儿麻痹症后遗症的跛足，感染大脑炎后形成的痴呆等这些性状都是由环境因素造成的，是因为病毒感染使某些组织受到损害，造成生理功能的异常，不是遗传物质的改变，所以不是遗传的问题，因此也不会遗传给下一代。

总之，遗传与变异是遗传现象中不可分离的两个方面。我们有从父母获得的遗传物质，保证我们人类的基本特征经久不变。在遗传过程中还不断地发生变异，每个人又在一定的环境下发育成长，才有了人类的多样性。

性别与遗传

大家知道，动物有雌雄之分，人有男女之别。以人来说，男人和女人除了初级性征（睾丸、卵巢等）的差异外，在乳房、皮下脂肪、体毛、骨盆等副性征方面都有明显的不同，在声调上也存在着明显差异。这些差异都是由于性别的不同而引起的，是可以遗传的。植物也有性别的分化，但不像人和动物那样明显。除了有少数植物是雌雄异株而外，大多数植物都是雌雄同株的。总而言之，性别是生物界的一种普遍现象。

◎ 性染色体与性别决定

细胞遗传学的研究表明，生物性别的差异大多是由性染色体决定的。

　　原来，人和动物细胞核里的染色体是有分化的，有的染色体与性别有关，叫"性染色体"，其他的染色体叫"体染色体"或"常染色体"。

　　譬如，人的染色体共有 23 对，其中 22 对与性别无关，另外一对与性别有关。这一对染色体的大小形状不同，大的叫 X 染色体，小的叫 Y 染色体。在男性的身体细胞中，X 和 Y 同时存在，女性的身体细胞中没有 Y 而有两个 X。果蝇有 4 对染色体，其中 3 对为常染色体，一对为性染色体。雌果蝇为 XX，雄果蝇为 XY。X 染色体为棒状，Y 染色体在棒的一端多了一个钩。猪、牛、羊、马、兔等多种高等动物都具有这种类型的性染色体组成，即雌的性染色体为 XX，雄的性染色体为 XY。遗传学上把这种性染色体类型特称为"XY 型"。XY 型的生物，雄性个体在细胞减数分裂时可以形成两种配子（精子），一种精子含有 X，一种精子含有 Y。雌性个体只能形成含 X 的一种卵子。因此精卵结合所产生的后代一半是雄性个体，一半是雌性个体。

　　因为雄性个体中的 Y 染色体只能来自雄的个体（父本），而不能来自雌的个体（母本），所以，生男生女主要决定于父亲而与母亲无关。

　　XY 型的生物，雌性个体和雄性个体细胞中的性染色体组成不同，在显微镜下面可以清楚地区别。另外，带有 X 染色体的精子和带有 Y 染色体的精子在物理、化学性质方面也不同。

　　生物千差万别，性染色体的类型也不一样。

　　比如，另有一些动物（例如鸟类、蛾类、蝶类和某些鱼类）性染色体的组成刚好与上述哺乳类、蝇类、人类的相反，雄的性染色体是同型的，即 XX，雌的性染色体为 XY。这类生物的后代是雄是雌，关键则在于雌性个体。因为雄的只能产生 X 精子，雌的则可产生 X 和 Y 两种卵子。为了避免与前面那些生物类型发生混淆，遗传学上把这里的 XX 写作 ZZ，把 XY 写作 ZW。ZZ 为雄性个体，ZW 为雌性个体。这类生物特称为"ZW 型"。

　　以上是人和动物性染色体的情况。在植物中，雌雄异株的植物（如大麻、菠菜等）也有性染色体的分化，它们的性染色体虽然也是 XY 型，但在细胞学上 X 染色体和 Y 染色体一般没有差异。而大多数植物都没有性染色体的分化，由某些基因决定植株的性别。

遗传与疾病

◎ 遗传性疾病概论

人类有 23 对（46 条）染色体，其中 22 对是常染色体，另一对是性染色体，女性为 XX，男性为 XY。每一对染色体上有许多基因，每个基因在染色体上所占的位置称位点。基因由脱氧核糖核酸（DNA）组成，当 DNA 的结构变异为致病的基因时，临床上即出现遗传性疾病。

◎ 人类遗传病的种类

按照目前对遗传物质的认识水平，可将遗传病分为单基因遗传病、多基因遗传病和染色体病三大类。

（1）单基因遗传病。

同源染色体中来自父亲或母亲的一对染色体上基因的异常所引起的遗传病。这类疾病虽然种类很多，但是每一种病的患病率较低，多属罕见病。按照遗传方式又可将单基因病分为 4 类：①常染色体显性遗传病。人类的 23 对染色体中，一对与性别有关，称为性染色体，其余 22 对均为常染色体。同源常染色体上某一对等位基因彼此相同的，称为纯合子，一对基因彼此不同的称杂合子。如果在杂合状态下，异常基因也能完全表现出遗传病的，称为常染色体显性遗传病，这类遗传病的发生与性别无关，男女患病率相同。父母中有一位患此疾病，其子女中就可能出现患者。②常染色体隐性遗传病。常染色体上一对等位基因必须均是异常基因纯合子才能表现出来的遗传病。大多数先天代谢异常均属此类。父母双方虽然外表正常，但如果均为某一常染色体隐性遗传基因的携带者，其子女仍有可能患该种遗传病。近亲婚配时容易产生纯合状态，所以其子女隐性遗传病的发病率也高。③常染色体不完全显性遗传病。这是当异常基因处于杂合状态时，仅能在一定程度上表现出症状的遗传病。如地中海贫血，纯合子表现为重症贫血，杂合子则表现为中等程度的贫血。④伴性遗传病。分为 X 连锁遗传病和 Y 连锁遗传病两种。有些遗传病的基因位于 X 染色体上，Y 染色体过于短小，无相应的等位基因，因此，这些异常基因将随 X 染色体传递，所以称为 X 连锁遗传病。Y 连锁遗传病的致病基因位于 Y 染色体上，X 染色体上则无相应的等位基因，因此这些基因随着 Y 染色体在上、下代间传递。

（2）多基因遗传病。

与两对以上基因有关的遗传病。每对基因之间没有显性或隐性的关系，每对基因单独的作用微小，但各对基因的作用有积累效应。一般说来，多基因遗传病远比单基因遗传病多见。受环境因素的影响，不同的多基因遗传病，受遗传因素和环境因素影响的程度也不同。遗传因素对疾病发生影响的程度，可用遗传度来说明，一般用百分数来表示，遗传度越高，说明这种多基因遗传病受遗传因素的影响越大。多基因遗传病还包括一些糖尿病、高血压病、高脂血症、神经管缺陷、先天性心脏病、精神分裂症等。

（3）染色体病。

染色体病指由于染色体的数目或形态、结构异常引起的疾病。染色体异常称为染色体畸变，包括常染色体的异常和性染色体的异常。但是染色体病在全部遗传病中所占的比例不大。

◎ 家族遗传病

所有的遗传病均来自于婚配，即生殖细胞或受精卵的染色体和基因发生突变。这类疾病通常是垂直传递，即父母遗传给子女，上代传给下代，也就是我们经常看到的具有"家族史"的特征。

地中海贫血、蚕豆病等单基因突变的疾病多由患病亲代传来，而大多数先天性心脏病、癌症、高血压、冠心病、精神分裂症、抑郁症及糖尿病等都是由多个基因和环境因素共同作用的结果，属于多因素遗传病。

（1）地中海贫血。

地中海贫血是我国南方各省份最常见、危害最大的遗传病，以广东、广西为主。由于极易发生各种并发症，患者多于青少年时期死亡。

若夫妇双方同为轻型地中海贫血（即地中海贫血基因携带者），夫妇就有可能将相同有害基因同时传递给子女，使子女呈显性疾病。

如果夫妇双方都是地中海贫血基因携带者，遗传咨询就显得非常重要了，如果确认妊娠为高风险地中海贫血胎儿时，应尽早通过羊水穿刺或绒毛取样后，进行基因检测，以诊断地中海贫血胎儿的基因型，避免重度地中海贫血胎儿的出生。

（2）家族性高胆固醇血症。

家族性高胆固醇血症（简称FH）是脂质代谢疾病中最常见且最严重的一种，患者早期就可患冠心病和动脉粥样硬化，多死于心血管疾病。

如有家族性高胆固醇血症，准确的产前诊断能为孕妇决定是否保留胎儿提供信息，是预防FH的重要手段。

知识小链接

动脉粥样硬化

动脉粥样硬化是动脉硬化的一种，大、中动脉内膜出现含胆固醇、类脂肪等的黄色物质，多由脂肪代谢紊乱、神经血管功能失调引起。常导致血栓形成、供血障碍等。

（3）糖尿病。

糖尿病是由遗传因素与其他因素共同作用的结果。在遗传因素中，对不同人群的研究发现，多个基因的突变导致糖尿病的发生，其他因素如肥胖、年龄、高热量的食物等也会引起糖尿病。

▶ 血型与遗传

血型是根据人的红细胞表面同族抗原的差别而进行的一种分类。由于人类红细胞所含凝集原的不同，而将血液分成若干型，故称血型。血型是以血液抗原形式表现出来的一种遗传性状。狭义地讲，血型专指红细胞抗原在个体间的差异。但现已知道除红细胞外，白细胞、血小板乃至某些血浆蛋白，个体之间也存在着抗原差异，因此广义的血型应包括血液各成分的抗原在个体间出现的差异。

知识小链接

血　小　板

血小板是哺乳动物血液中的有形成分之一，形状不规则，比红细胞和白细胞小得多，无细胞核。成年人血液中血小板数量为（1~3）×1011 个/L，它有质膜，没有细胞核结构，体积小于红细胞和白细胞。

通常人们对血型的了解往往仅局限于 ABO 血型和输血问题等方面。实际上，血型在人类学、遗传学、法医学、临床医学等学科都有广泛的实用价值，因此具有重要的理论和实践意义，同时动物血型的发现也为血型研究提出了新的问题和研究方向。

血型一般分为 A、B、AB 和 O 四种，另外还有 Rh 阴性血型、MNSSU 血型、P 型血和 D 缺失型血等极为稀少的 10 余种血型系统。据目前国内外临床检测，发现人类血型有 30 余种。其中，AB 型可以接受任何血型的血液输入，因此被称作万能受血者；O 型可以输出给任何血型的人，因此被称作万能输血者、异能血者。实际上，不同血型之间的输送，一般只能少量地输送，不能大量。要大量输血，最好还是相同血型之间为好。

一般来说，血型是终生不变的，血型遗传借助于细胞中的染色体，ABO 血型系统的基因位点在第 9 对染色体上。人的 ABO 血型系统受控于 A、B、O 三个基因，但每个人体细胞内的第 9 对染色体上只有两个 ABO 血型系统基因，即为 AO、AA、BO、BB、AB、OO 中的一对等位基因，其中 A 和 B 基因为显性基因，O 基因为隐性基因。

血型是以 A、B、O 等三种遗传因子的组合而决定的，大多根据父母的血型即可判断出生的小宝宝可能出现的血型。血型遗传规律表如下：

血型遗传规律表

父母血型	子女会出现的血型	子女不会出现的血型
O 与 O	O	A、B、AB
A 与 O	A、O	B、AB
A 与 A	A、O	B、AB
A 与 B	A、B、AB、O	——
A 与 AB	A、B、AB	O
B 与 O	B、O	A、AB
B 与 B	B、O	A、AB
B 与 AB	A、B、AB	O
AB 与 O	A、B	O、AB
AB 与 AB	A、B、AB	O

▶️ 智力与遗传

　　我们应该知道，智力与才能虽不是完全由遗传所决定，但是与遗传都有一定的关系。通常说来，父母的智商高，孩子的智力往往也高；父母的智商平常，孩子的智力也一般；父母的智力有缺陷，孩子则有可能智力发育不全。有人长期研究过一群智商在 140 分以上的孩子，发现这些孩子长大后一直保持优秀的才智，他们子女的智商平均为 128 分，也远远超过一般孩子的水平。而对于精神缺陷者，他们的孩子有 59% 都存在着精神缺陷或智力迟钝。

　　但是，智力的实际表现还受到主观努力和社会环境的很大影响，后天的教育、训练，以及营养等因素起了相当大的作用。没有这一条，再好的遗传基础也不行。可以设想，即使是具有特殊脑结构的"神童"，如果一出生就落入狼穴，那么也只能长成"狼孩"。

　　自古以来，出现了许多高智商的家族，如音乐家巴赫家族的 8 代 136 人中，有 50 位是著名的音乐家；莫扎特和韦伯家族的儿代人中都有著名的音乐家；我国南北朝时期著名的科学家祖冲之的儿子祖暅、孙子祖皓不仅是机械发明家，还是著名的天文学家和数学家。智力的这种家族聚集性，一度被认为是遗传决定智力的例证。然而，它也是智力发展最基本的环境因素，家庭提供了定向教育培养的优势条件。智力的家族聚集性现象，恰恰说明了先天和后天因素对智力发展的作用。

　　由此可见，遗传提供了智力的基本素质，而后天因素则影响其发展的可能性，因此要想使后代智力超群，就必须在优生和优育上一起下工夫，使孩子的智能潜力得到最充分的发挥。

克隆技术

克隆技术对人类和自然界意义重大：它可以克隆出病人所需要的细胞、器官，可以拯救濒危动物……

什么是克隆技术

克隆是英文"clone"一词的音译，是利用生物技术由无性生殖产生与原个体有完全相同基因组的后代的过程。科学家把人工操作动物繁殖的过程叫克隆，这门生物技术叫克隆技术，其本身的含义是无性繁殖，即由同一个祖先细胞分裂繁殖而形成的纯细胞系，该细胞系中每个细胞的基因彼此相同。

克隆狗

克隆通常是一种人工诱导的无性生殖方式或者自然的无性生殖方式（如植物）。克隆可以是自然克隆，例如由无性生殖或是由于偶然的原因产生两个遗传上完全一样的个体（就像同卵双生一样）。

克隆技术在现代生物学中被称为"生物放大技术"，它经历了3个发展时期：①微生物克隆，即用一个细菌很快复制出成千上万个和它一模一样的细菌，而变成一个细菌群；②生物技术克隆，比如用遗传基因——DNA克隆；③动物克隆，即由一个细胞克隆成一个动物。克隆羊"多莉"由一头母羊的体细胞克隆而来，使用的便是动物克隆技术。

在生物学上，克隆通常用在两个方面：克隆一个基因或克隆一个物种。克隆一个基因是指从一个个体中获取一段基因，然后将其插入另外一个个体中。在动物界也有无性繁殖，不过多见于非脊椎动物，如原生动物的分裂繁殖、尾索类动物的出芽生殖等。但对于高级动物，在自然条件下，一般只能进行有性繁殖，所以，要使其进行无性繁殖，科学家必须经过一系列复杂的操作程序。

➡ 克 隆

⦿ 动物细胞核移植

　　所谓动物细胞核移植，就是用显微手术的方法取得一个单个细胞或者单个细胞的核，然后再取得一个卵母细胞，通过"手术"去除卵母细胞中的遗传物质染色体或染色质，使之成为一个空壳，再把单个细胞或者单个细胞的核和卵母细胞空壳经过电击融合，从而实现单个细胞借居在卵母细胞空壳内，并能够实现核融合、分裂、发育为胚胎。

　　与胚胎细胞核移植不同，体细胞核移植的工作开展得较少，因为对于已完全分化的细胞，如何让它能重新发挥出全能性，是一个很难解决的问题。在为数不多的哺乳动物体细胞核移植实验中，无一能发育到产仔。

　　鉴于已有的经验，维尔穆特等人采用了一种使培养细胞调整状态的培养方法。在培养液中去除一部分重要成分，使培养的细胞处于一种饥饿状态。经过如此处理的羊乳腺细胞按常规的方法进行核移植后，有一只发育到出生，那就是"多莉"。这是人类第一次以一个成体动物为蓝本复制出一个克隆动物。这是动物无性繁殖中的最大成就，一旦它被证明是可重复的，体细胞克隆技术将无疑是一

你知道吗

卵母细胞

　　卵母细胞是在卵子发生过程中进行减数分裂的卵原细胞。分为初级卵母细胞、次级卵母细胞和成熟的卵母细胞，它们分别是卵原细胞分化和 DNA 复制分裂后产生、第一次减数分裂和第二次减数分裂的产物。

项具有划时代意义的工作。

◎ 雌核生殖技术

所谓雌核生殖指在没有精子的情况下使卵子发育成个体。人工诱导雌核生殖，一方面必须首先使精子染色体失活，另一方面还得保持精子穿透和激活卵细胞启动发育的能力。

早在1911年，赫特威氏就第一个成功地人工消除了精子染色体的活性。他在两栖类研究中，利用辐射能对精子进行处理时发现：在适当的高辐射剂量下，能导致精子染色体完全失活，精子虽然能穿入卵细胞内，却只能起到激活卵细胞启动发育的作用，而不能和卵细胞结合。

我国卓越的胚胎生物学家朱洗，利用针刺注血法，在癞蛤蟆离体产出的无膜卵细胞上，进行了人工单性发育的研究，并获得世界上第一批没有"外祖父的癞蛤蟆个体"，证明了人工单性生殖的子裔是能够传宗接代的。

凡雌核生殖的个体，都具有纯母系的单倍体染色体。因此，雌核生殖的生命力，依赖于卵细胞染色体的二倍体化。在一些天然的雌核生殖过程中，是由于卵母细胞的进一步成熟分裂通常受到限制，染色体数目减半受阻，而使雌核生殖个体成为二倍体。所以人为地阻止卵母细胞分裂，均有可能使

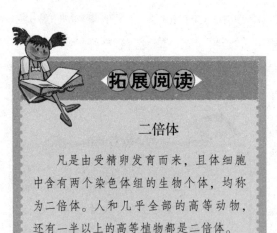

拓展阅读

二倍体

凡是由受精卵发育而来，且体细胞中含有两个染色体组的生物个体，均称为二倍体。人和几乎全部的高等动物，还有一半以上的高等植物都是二倍体。

雌核二倍体化发育。

雌核生殖的鉴别：经人工或自然诱导的雌核生殖个体，经过一定的鉴定，以证明它确属雌核生殖的个体。换句话说，应证明精子在胚胎发育中确实没

有在遗传方面作出贡献。鉴别雌核生殖的个体，通常以颜色、形态和生化等方面的指标为根据。通过细胞学的研究，无疑更能精确地判别雌核生殖。若是雌核生殖，其囊胚细胞中只出现一套来自雌核的染色体。否则，雌核和雄核染色体各占一半，得到的是杂交种。近年来，还运用了遗传标志的方法，来鉴别雌核生殖的二倍体化。

雌核生殖具有产生单性种群的能力。在同型雌性配子的品种中，雌核生殖产生的所有后代，都应该是雌性个体（XX）；而在异型雌性配子（X 或 Y）的品种中，雌核生殖的后代，可能是雌性个体，也可能是雄性个体。

雌核生殖的研究，自 20 世纪初以来，虽有某些方面的突破，但从目前的研究状况来看，不能不说它的进展还是比较缓慢的。造成这一局面的原因之一，可能与人工雌核生殖后裔的成活率较低有关。从研究过的一些鱼中，发现雌核生殖子代，多数于幼体阶段死亡。如雌核生殖的鲫鱼，在胚胎发育的前两周内，出现大量外观上畸形的个体，因此，总的存活率大约只有 50%。根据目前得到的情报，除仓鼠外，其他哺乳动物尚无雌核生殖成功的实例，还需要进一步研究。

◪ 克隆技术的发展

"克隆"一词于 1903 年被引入园艺学，以后逐渐应用于植物学、动物学和医学等方面。广泛意义上的"克隆"其实在我们的日常生活中经常遇到，只是没称为"克隆"而已。在自然界，有不少植物具有先天的克隆本能，如番薯、马铃薯、玫瑰等的插枝繁殖的植物，而动物的克隆技术，则经历了由胚胎细胞到体细胞的发展过程。

克隆一个生物体意味着创造一个与原先的生物体具有完全一样的遗传信息的新生物体。在现代生物学背景下，这通常包括了体细胞核移植。在体细胞核移植中，卵母细胞核被除去，取而代之的是从被克隆生物体细胞中取出的细胞核，通常卵母细胞和它移入的细胞核均应来自同一物种。由于细胞核几乎含有生命的全部遗传信息，宿主卵母细胞将发育成为在遗传上与核供体相同的生物体。线粒体 DNA 这里虽然没有被移植，但相对来讲线粒体 DNA 还是很少的，通常可以忽略其对生物体的影响。

克隆技术的设想是由德国胚胎学家于 1938 年首次提出的。1952 年，科学家首先用青蛙进行克隆实验，之后不断有人利用各种动物进行克隆技术研究。由于该项技术几乎没有取得进展，研究工作在 20 世纪 80 年代初期一度陷入低谷。后来，有人用哺乳动物的胚胎细胞进行克隆取得了成功。1996 年 7 月 5 日，英国科学家维尔穆特用成年羊体细胞克隆出一只活产羊，给克隆技术的研究带来了重大突破，突破了以往只能用胚胎细胞进行动物克隆的技术难关，首次实现了用体细胞进行动物克隆的目标，实现了更高意义上的动物复制。研究克隆技术的目标是找到更好的办法改变家畜的基因构成，培育出成群的能够为消费者提供可能需要的更好的食品或任何化学物质的动物。

克隆的基本过程是先将含有遗传物质的供体细胞的核移植到去除了细胞核的卵细胞中，利用微电流刺激等使两者融合为一体，然后促使这一新细胞分裂繁殖发育成胚胎，当胚胎发育到一定程度后（罗斯林研究所克隆羊采用的时间约为 6 天）再被植入动物的子宫中，使动物怀孕便可产下与提供细胞者基因相同的动物。这一过程中如果对供体细胞进行基因改造，那么无性繁殖的动物后代基因就会发生相同的变化。培育成功三代克隆鼠的"火奴鲁鲁技术"与克隆"多莉"羊技术的主要区别在

维尔穆特

于克隆过程中的遗传物质不经过培养液的培养，而是直接用物理方法注入卵细胞。这一过程中采用化学刺激法代替电刺激法来重新对卵细胞进行控制。

古代神话里孙悟空用自己的汗毛变成无数个小孙悟空，表达了人类对复制自身的幻想。1996 年，体细胞克隆羊"多莉"出世后，克隆迅速成为世人关注的焦点。人们不禁要问：我们会不会跟在羊的后面？这种疑问让所有人都惶惑不安。然而，反对克隆的喧嚣声没有抵过科学家的执着追求，伴随着牛、鼠、猪，乃至猴这种与人类生物特征最为相近的灵长类动物陆续被克隆成功，人们已经相信，总有一天，科学家会用人类的一个细胞复制出与提供细胞者一模一样的人来，克隆人已经不是科幻小说里的梦想，而是呼之欲出的现实。目前，已有三个国外组织正式宣布他们将进行克隆人的实验，美国肯塔基大学的扎沃斯教授正在与一位名叫安提诺利的意大利专家合作，计划在两年内克隆出一个人来。

由于克隆人可能带来复杂的后果，一些生物技术发达的国家现在大都对此采取明令禁止或者严加限制的态度。克林顿曾说："通过这种技术来复制人类，是危险的，应该被杜绝！"

尽管克隆研究取得了很大进展，目前克隆的成功率还是相当低的。"多莉"出生之前，研究人员经历了 276 次失败的尝试；70 只小牛的出生则是在 9000 次尝试后才获得成功，并且其中的三分之一在幼年时就死亡了。而对于某些物种，例如猫和猩猩，目前还没有成功克隆的报道。

"多莉"出生后的年龄检测表明，其出生的时候就上了年纪。它 6 岁的时候就得了一般老年时才得的关节炎。这样的衰老被认为是端粒的磨损造成的，端粒是染色体位于末端的。随着细胞分裂，端粒在复制过程中不断磨损，这通常认为是衰老的一个原因。然而，研究人员在克隆成功牛后却发现，它们实际上更年轻。分析它们的端粒表明，它们不仅是回到了出生的长度，而且比一般出生时候的端粒更长。这意味着它们可以比一般的牛有更长的寿命，但是由于过度生长，它们中的很多都过早夭折了。研究人员相信，相关的研

克隆羊"多莉"

究最终可以用来改变人类的寿命。

1998 年 7 月，美国夏威夷大学等报道，由小鼠卵丘细胞克隆了 27 只成活小鼠，其中 7 只是由克隆小鼠再次克隆的后代，这是继"多莉"以后的第二批哺乳动物体细胞核移植的后代。此外，美国夏威夷大学还采用了与"多莉"不同的、新的、相对简单的且成功率较高的克隆技术，这一技术以该大学所在地命名为"檀香山技术"。

此后，美国、法国、荷兰和韩国等国科学家也相继报道了体细胞克隆牛成功的消息；日本科学家的研究热情尤为惊人，1998 年 7 月至 1999 年 4 月，东京农业大学、家畜改良事业团、地方（石川县、大分县和鹿儿岛县等）家畜试验场，以及民间企业（如日本最大的奶商品

盘 羊

公司雪印乳业等）纷纷报道了他们采用牛耳部、臀部肌肉、卵丘细胞，以及初乳中提取的乳腺细胞克隆牛的成果。至 1999 年底，全世界已有 6 种类型细胞——胎儿成纤维细胞、乳腺细胞、卵丘细胞、输卵管/子宫上皮细胞、肌肉细胞和耳部皮肤细胞的体细胞克隆后代成功诞生。

1999 年，美国科学家用牛卵子克隆出珍稀动物盘羊的胚胎；我国科学家也用兔卵子克隆了大熊猫的早期胚胎。这些成果说明克隆技术有可能成为保护和拯救濒危动物的一条新途径。

🔎 "多莉"的诞生历程

1997 年 2 月 27 日，英国科学家突然宣布，他们在世界上首先使用体细胞成功地克隆出了一头绵羊。

现在，我们以克隆羊"多莉"为例，向读者简单介绍动物细胞核移植的过程和操作手法，使读者了解科学家是怎样克隆出绵羊"多莉"的。

动物细胞核移植是需要有两个不同的细胞：一个未受精的卵细胞和一个供体细胞。细胞核移植就是用机械的办法，把供体细胞的细胞核移入另一个受体的去除了细胞核的细胞质

美丽的克隆羊"多莉"

中。在"多莉"的克隆过程中，供体细胞由取自白绵羊的体细胞经几个月的培养而成。用这种方法可获得几千个遗传上一致的细胞。卵细胞取自苏格兰黑母绵羊。

第一步，克隆羊或是其他克隆哺乳动物的"制造"，首先要取得成熟的卵细胞。科学家们为了一次实验获得更多的卵，便利用一种称之为"超数排卵"的技术。他们给成年母羊注射促性腺激素及人绒毛膜促性腺激素。这样，在成年母羊的卵巢中一次便会有更多的卵成熟与排放。当母羊排卵时，科学家们即可借手术取出这种成熟的卵细胞备用。

例如，母牛在自然状态下每次只排 1 个卵，应用"超数排卵"的技术可以使母牛多产卵。这就是在母牛发情周期的第 9～14 天时，注射作为排卵剂

的促性腺激素。2～3天后再注射黄体素，再过2天后母牛就会发情，并能超数排卵。

趣味点击　　**超数排卵**

排卵率可以通过药物的方法进行控制。应用外源性促性腺激素诱发卵巢多个卵泡发育，并排出多个具有受精能力的卵子的方法，称为超数排卵，简称"超排"。就是在动物发情周期的适当时期，利用外源性促性腺激素对雌性动物卵巢进行处理，诱发其卵巢上大量卵泡同时发育并排卵。

要取出卵细胞是很困难的，因为卵细胞很小，主要由细胞核及细胞质两大部分组成。因此，科学家必须靠一种称为显微注射仪的帮助，在放大几十倍的条件下，用特制的极细玻璃管刺入卵内，将卵细胞核吸出。这样卵细胞便成为一个无核的细胞了，也就是说该卵细胞已无核遗传物质了。

第二步，要进行的是"核移植"，这是最关键的一步，以往用于核移植的细胞核多为动物胚胎的细胞核。按照发育生物学的观点，认为这种胚胎细胞本身是"全能性"的，意思是只要有一个这样的细胞，它便可以发育成一个完整的胚胎。譬如说，一个早期胚胎由8个细胞组成，此时若将细胞一个个地分开，它们便可发育成为8个胚胎。这表明胚胎细胞的每个细胞核本来就具有分裂与增殖的能力。

克隆羊"多莉"的新奇之处在于：第一，不用胚胎细胞的细胞核，而使用体细胞的细胞核进行核移植，它也照样可以分裂并发育成个体。"多莉"的出现否定了体细胞发育不具有全能性的这一传统观念。体细胞发育不具有全能性的观念认为：第一，在自然状态下的体细胞，从胚胎细胞发育、分化而来的，其中有一部分能够分裂，如干细胞，有一部分则不能分裂，并按照一定的程序死亡。但不管是能够分裂的体细胞，还是不能分裂的体细胞，都是不能重新分裂、分化，形成组织、器官、系统，最后形成一个完整的机体。

"多莉"的产生说明，在一定条件下，已经分化的体细胞仍然可能重新获得"全能性"。第二，由于移入卵内的是体细胞，不仅含有双倍的染色体，而且由此产生的后代细胞的染色体均是该体细胞的遗传拷贝，因而由此发育而成的个体的遗传性质与核供体的亲本是一致的。第三，是将这种"核质融合"的卵置于体外培养，使它发育成为早期胚胎。第四，是胚胎移植，将上面第三点培养发育成的早期胚胎移植至另一只母羊的子宫内，直至羊羔出生。在这过程中，科学家要找一头合适的母羊，进行人工激素处理，使子宫内膜增厚，以便上述胚胎的"着床"与发育。

◪ 克隆技术的应用

◎ 单克隆抗体的制备

1975 年，英国科学家科勒和米尔斯坦用淋巴细胞与骨髓瘤细胞进行融合，从中筛选出杂交瘤细胞株，得到了在离体条件下能无限繁殖的"杂交瘤"细胞系，它们能产生针对特定抗原的单一抗体，称为单克隆抗体。

人体淋巴细胞是人的免疫系统的基本组成成分。一个淋巴细胞进入胸腺后形成 T 细胞，而不经过胸腺的淋巴细胞称为 B 细胞。

英国科学家把被免疫的小鼠 B 细胞，即能够分泌某种特殊抗体的 B 细胞，与小鼠骨髓瘤细胞融合，产生杂种细胞。它既能像 B 细胞那样产生并分泌特异抗体，又能像骨髓瘤细胞那样无限繁殖。这种纯系产生的抗体，叫单克隆抗体。

单克隆抗体问世后，很快应用于临床实践。由于单克隆抗体具有特异性强，灵敏度高，精确性强等优点，因此它被用于许多疑难病症（特别是肿瘤）的诊断治疗，成为细胞工程和克隆技术在医学上最重要的成就之一。

由于单克隆抗体有高度的特异性，因而已成为分析和鉴定各种复杂抗原及阐明免疫反应机理的有力工具。单克隆抗体在诊断疾病方面，在其准确性与诊断速度方面，都大大优于一般抗血清。单克隆抗体与荧光染料结合，可检测体内的肿瘤及病变组织，确定其位置与大小。

　　使用单克隆抗体治疗疾病在医学上得到了广泛应用。由于单克隆抗体能与病变部位特异地结合，所以它可以作为"导弹"将药物直接带到病变部位，既增强药效又可避免这些药物对正常细胞的伤害。单克隆抗体还可用于治疗心脏病以及败血症。

　　应用单克隆抗体还可治疗癌症，可采用两种办法：一是制备抗肿瘤的单克隆抗体；二是以单克隆抗体作为载体，携带药物，有效杀伤癌细胞。

　　应用单克隆抗体治疗恶性肿瘤，研究最多的是白血病和淋巴瘤。目前，已有成功的案例。如美国一位年老的淋巴癌患者在使用常规的治疗无效后，美国斯坦福大学医学研究中心的研究人员在4周内对患者进行了8次单克隆抗体静脉注射，结果效果显著，患者曾被癌细胞侵染过的淋巴结、肝和脾均恢复了正常，头颅上的结节也消失了。时隔两年，患者再没有复发。

　　单克隆抗体作为载体携带药物，其疗效就大多了。这是利用单克隆抗体与肿瘤细胞表面抗原的高度亲和力，使这些携带了可杀伤肿瘤细胞的药物的抗体聚集于肿瘤细胞上，对肿瘤细胞发挥强大的杀伤作用，而又不影响正常细胞。

　　单克隆抗体携带的药物有氨甲喋呤、阿霉素等。用这种方法杀死一个肿瘤细胞，需要相当多的抗癌药物，而与肿瘤细胞结合的单克隆抗体的数量受到肿瘤细胞表面的抗原的限制。因此，尽管单克隆抗体与抗癌药物的结合物能够高度选择性地与肿瘤细胞结合，但是与肿瘤细胞结合的数量不多，仍然不能有效地杀伤肿瘤。针对上述情况，有关科学家用细菌或植物毒素取代抗癌药物，并与单克隆抗体结合，这种结合物称为"免疫毒素"。

　　单克隆抗体本身也存在着许多缺陷。单克隆抗体的疗效可能受到在某些病人血中的肿瘤抗原的影响，患者的肿瘤抗原与单克隆抗体结合，从而妨碍了单克隆抗体对肿瘤细胞的作用。另一方面，在某些抗体与细胞结合后，还可能发生目标抗原从细胞表面消失的情况，从而使单克隆抗体失效。单克隆抗体在癌治疗和一般治疗上应用的另一问题是缺乏来自人体的单克隆抗体。所有的实验都是用小鼠抗体或用各种动物的多克隆抗体进行的。事实上，如果反复地给予外来抗体，病人可能会产生严重的过敏反应。人的单克隆抗体的制备是这个领域的研究重点，但这方面的困难之一是，缺乏易于培养又不分泌自身抗体的人骨髓瘤细胞株。

　　单克隆抗体在医药领域得到了广泛的应用。在单克隆抗体的生产和应用方面，美国、英国、法国和瑞士最活跃。美国有 70 多家公司从事单克隆抗体的生产。

◎克隆技术与濒危生物保护

　　克隆技术的出现，对于挽救如大熊猫等濒危动物来说，是一个福音。体细胞克隆技术为动物品种的保存提供了新的手段。

　　动物克隆有利于保存和发展具有优良性状的动物品种，挽救濒危动物。例如，一旦某种动物数量很少，甚至即使该动物已经灭绝，但仍留下组织或细胞，就可以通过克隆技术来挽救或再生。

大熊猫

像中国的大熊猫、白鳍豚等，克隆技术能不能运用在它们的身上呢？

　　关于对大熊猫进行克隆的问题，已经引起了有关科学家之间的争论，那么，克隆濒危动物存在着哪些困难呢？

　　困难之一：野生濒危动物与普

通动物相比，目前世界上存在的数量极少，可供做克隆实验的个体就更少了。

困难之二：目前人类已经克隆成功的羊、兔、猪、猴等动物，人们对它们的生活习性了如指掌，克隆这些动物相对容易。到目前为止，还有许多野生濒危动物的生长过程、生活习性等并不为人类所掌握，与克隆羊、兔、猪、猴等动物相比，其成功率自然也要小得多。

困难之三：有些濒危动物的特殊生活环境，造成了科学家在克隆它们的过程中会遇到许多意想不到的事情。例如，由于白鱀豚是生活在水中的哺乳动物，它和生活在陆地上的绵羊相比，生活环境完全不同，这样，在进行克隆实验的过程中，技术操作的难度将大大增加。

趣味点击　　白鱀豚

白鱀豚为国家一级保护动物，是鲸类家族中的小个体成员，属于喙豚科。身体呈纺锤形，全身皮肤裸露无毛，具长吻，喜欢群居，视听器官严重退化，声呐系统特别灵敏，能在水中探测和识别物体。白鱀豚是恒温动物，用肺呼吸，被誉为"水中的大熊猫"。

因此，由于存在着上面这些困难，从理论上说，虽然克隆野生濒危动物是可行的，但是，依靠克隆技术拯救濒危动物的可能性却还是非常小的。不过，随着克隆技术的进一步发展，相信科学家会逐渐克服这些困难，让克隆野生濒危动物的理想真正实现，使这些珍贵的动物成为人类的朋友。

◎克隆技术打破种间隔离

克隆技术在克隆动物方面的应用取得了辉煌的成就。早期动物克隆的研究均用两栖类和鱼类作材料，到了20世纪80年代，哺乳动物克隆的研究逐渐开展起来。

1980 年，美国耶鲁大学的科学家将含有两种病毒的 DNA 重组质粒，以显微注射方式导入小鼠受精卵的原核内，培养出了带有这种 DNA 序列的子代小鼠。随后，华盛顿大学的科学家将大鼠的生长激素基因导入小鼠受精卵，也得到了基因组中整合有大鼠生长激素基因的小鼠，该小鼠的体重比普通小鼠高出了 2～3 倍。下图是 1982 年美国一篇杂志上登载的超级小鼠，它被认为是哺乳动物克隆的开端。

超级小鼠是采用实验手段，将特定的目的基因导入其早期胚胎细胞并整合至它的基因组中，通过生殖细胞系再传给子代，由此得到的一种含有特定目的基因的新动物。从而打破了自然情况下的种间隔离，使基因能在种系关系遥远的机体间流动。可以说，超级小鼠的出世对整个生命科学产生了全局性的影响。

超级小鼠

真正引起世界震惊的是，英国爱丁堡市罗斯林研究所克隆成功的一只雌性小绵羊"多莉"。"多莉"是世界上第一个利用体细胞（乳腺上皮细胞）进行细胞核移植的动物，它翻开了生物克隆史上崭新的一页，突破了利用胚胎细胞进行核移植的传统方式，使克隆技术有了长足的进展。

克隆技术和基因工程的结合，也可以实现人类对家畜品种改良的愿望。利用克隆技术来培养大量优质、速生、抗病

趣味点击　　骡

骡是一种动物，有雌雄之分，但是没有生育的能力，它是马和驴交配产下的后代，分为驴骡和马骡。公驴可以和母马交配，生下的叫"马骡"，如果是公马和母驴交配，生下的叫"驴骡"。

的优良品种，可以降低畜牧业的成本，提高生产的效率，大大丰富人们的物质生活。例如，母马和公驴杂交可以得到杂种优势特别强的动物——骡，然而骡不能繁殖后代，那么优良的骡如何扩大繁殖？最好的办法就是克隆。

当然，克隆技术在动物克隆方面的应用也可能带来负面影响。如果无计划地克隆动物，会扰乱物种的进化规律，干扰性别比例，这种对生物界的人为控制，将会带来许多意想不到的危害。因此，世界各国必须采取相应的研究对策，避免克隆产生的负面效应。

◎动物克隆技术与畜牧业发展

克隆技术发展的最直接的受益者是畜牧业。畜牧业的效率主要来自动物个体的生产性能和群体的繁殖性能。如果个体的生产性能好，用同样的投入可以生产出更多的产品；而群体的繁殖性能高，则会加快育种速度和减少种畜的数量，增加工作在第一线的动物比例，这些都会使经济效益大幅度提高。动物的生产性能和繁殖性能是由它们的遗传特性决定的，具有优良基因的动物有较好的生产性能。如优良品种的奶牛的产奶量，可能比那些品种较差或一般的奶牛高几倍甚至十几倍，经济效益十分显著。如何能让这些优秀的个体的遗传基因尽可能多地遗传给后代，是科学家们想方设法要做的事。但在繁育后代时，来自父方和母方的遗传信息共同形成了后代的"遗传信息书"，这本"遗传信息书"虽然包含了父母双方的遗传信息内容。但这是一本全新的"书"，按这本"书"进行发育得到的动物，其特性显然不会与上一代完全相同，这样上一代的优秀基因可能在子代中不能很好地表达。

为了增加优秀动物个体的后代数量，在克隆技术问世之前，科学家们采用了人工授精、胚胎移植、体外受精等技术。

人工授精，是指利用人工的方法把优良公畜的精液注射到母畜体内使母畜受孕。这种技术可以扩大优秀公畜的分布范围。

胚胎移植，是指用超数排卵的方法让优秀母畜多排出卵子，在卵子受精后，再把受精卵或早期胚胎从母畜体内取出来，移植到其他代孕母畜的子宫内，代孕母畜可以用生产性能较差的代替。这样可以使优良母畜的利用率增加。

体外受精，是指让卵子和精子在体外受精的技术。这种方式可以充分利用雌性动物卵巢中的卵子，以进一步发挥母畜的遗传潜能。

在克隆技术出现以后，在动物繁育，扩大优良动物种群方面又增加了一个新的手段。首先可以通过胚胎分割的办法，把优秀的胚胎一分为二、一分为四，再使它们分别发育成完整的胚胎。但这种办法在实际生产中利用不多。

用胚胎细胞核移植技术克隆动物，从理论上讲可以使优良的胚胎无限增加数量。在实际中，通过胚胎细胞核得到了连续移植三代的克隆牛，最多由 1 个胚胎发育出 54 个遗传上相同的克隆胚胎。利用这一技术在 20 世纪 90 年代初期，世界各国得到了数千头克隆动物。但这种技术的弊端是无法将一个优良的动物个体复

你知道吗

胚胎分割

胚胎分割是借助显微操作技术或徒手操作方法把早期胚胎切割成多等份再移植给受体母畜，从而获得同卵双胎或多胎的生物学新技术。来自同一胚胎的后代有相同的遗传物质，因此胚胎分割可看成动物无性繁殖或克隆的方法之一。

制下来，而只能克隆优秀动物的下一代。

体细胞核移植技术为动物繁育勾画出一个美好的前景。利用这一技术就可以大量地复制优秀动物，扩大优秀动物的数量，这种技术与传统的育种技术结合，可以很快地改善种群的遗传结构。

◎ 克隆技术服务农业

克隆技术在农作物遗传育种方面的应用，简单地说，就是科学家利用克

隆技术从一种作物细胞里把 DNA 提取出来，并将其转移到另一种作物细胞里去，"克隆"出使之具有前一种作物性状的作物。自 1983 年克隆出世界上第一种基因移植作物——抗病毒烟草以来，人们在这方面的研究和应用已取得了巨大成就。

到目前为止，人们主要克隆培育出了具有抗病性、抗害虫、抗除草剂、抗逆境、提高蛋白质含量、延缓衰老等优良特性的作物。这些通过克隆技术相继开发出的作物育种新领地，对提高农作物的产量和质量具有重要的现实意义。

抗病性作物的克隆成功，是克隆技术在农业领域最鼓舞人心的业绩之一。我们都知道，种类繁多的病毒是农作物的天敌，它们的入侵使许多农作物的产量大大降低，往往会给农业造成重大的经济损失。因此，培植抗病毒作物成为科学家的一个选择，他们早就注意到某些受到中、低度病毒侵害的植物，其后反而增强了对烈性病毒的抵抗力，这说明低度病毒菌株的复制扰乱了烈性病毒的感染能力。科学家据此将这种"交叉保护"的原理应用于番茄和烟草中。

1983 年，美国华盛顿大学的比奇教授推论，病毒的某种单一成分可能起到了这种保护作用。于是，他构建了一个中间宿主——烟草花叶病毒的外壳蛋白基因，将其转移到烟草和番茄细胞中。结果发现，由此克隆出的受到蛋白基因感染的作物，获得了对高浓度病毒的抵抗能力，从而有力地证明了交叉保护原理的正确性。此后，科学家们利于这一原理和克隆技术，相继克隆出苜蓿、马铃薯、水稻和甜瓜等许多抗病毒作物。

克隆出的马铃薯

克隆抗虫害的作物，是克隆技术在农业领域应用的另一重要目标。众所周知，棉花、小麦、马铃薯等作物非常容易受到害虫的侵害，而给农业带来极大危害，每年仅因虫害就使全世界损失数以千亿斤的粮食。在过去的30年里，科学家主要是靠杀虫剂来抵御虫害。为减少杀虫剂的使用量，他们发明了许多方法，其中一种最有效的方法是借助苏云金杆菌来防御虫害。这种细菌能够产生一种杀虫剂蛋白，其高度的专一性及在植物组织中的定位，可以使其定向地攻击害虫。

20世纪80年代中期，科学家成功地从苏云金杆菌细胞中分离出了杀虫剂蛋白质基因，并将这种基因转入番茄、马铃薯和棉花植株内，由此克隆出的植株表现出了对鳞翅目害虫的特异抗性。后来，又将这种方法加以改进，并把培育出的作物放入大田进行试验。几年来的农田试验表明，这种棉花使棉花杀虫剂的使用量大大减少。

克隆更多的抗除草剂作物，也是当前克隆技术在农业领域应用的一个重要方面。杂草是农业生产的大敌，它对环境的适应性和繁殖力都比作物强，与作物争夺养分、水分、阳光等，致使作物产量下降。同时，杂草也是病原体和害虫的巢穴，是病虫害的传播媒介。在全球农业生产中，杂草每年都会使粮食减产。尽管使用除草剂是一种有效、省工的除草手段，但除草剂致毒时对作物和杂草有所选择，作物的生长发育仍或多或少地受到除草剂的影响。因此，如果作物本身具备抗除草剂的特性，那除草剂的使用自然会更为方便、有效。

知识小链接

除草剂

除草剂是指可使杂草彻底地或选择性地发生枯死的药剂。其中的氯酸钠、硼砂、砒酸盐、三氯醋酸对于任何种类的植物都有枯死的作用，但由于这些均具有残留影响，所以不能应用于田地中。选择性除草剂特别是硝基苯酚、氯苯酚、氨基甲酸的衍生物多数都有效。

克隆技术在中国

　　作为 21 世纪的尖端科学，克隆技术从它诞生的那一刻起就吸引了众多世人的目光。作为世界上最大的发展中国家，中国一直致力于前沿科学的研究。据目前的状况来看，克隆作为新兴的技术在中国得到了前所未有的关注，并且硕果累累。

　　（1）2000 年 6 月 16 日，由西北农林科技大学动物胚胎工程专家张涌培育的世界上首例成年体细胞克隆山羊"元元"在该校的种羊场顺利诞生。"元元"由于肺部发育缺陷，只存活了 36 个小时。同年 6 月 22 日，第二只体细胞克隆山羊"阳阳"又在西北农林科技大学出生。2001 年 8 月 8 日，"阳阳"在西北农林科技大学产下一对"龙凤胎"，表明第一代克隆山羊有正常的繁殖能力。

克隆山羊"阳阳"

　　据介绍，2003 年 2 月 26 日，克隆山羊"阳阳"的女儿"庆庆"产下千金"甜甜"。2004 年 2 月 6 日，"甜甜"顺利产下女儿"笑笑"。"阳阳"家族实现四代同堂。这不仅表明第一代克隆山羊具有生育能力，其后代仍具有正常的生育能力。目前，"阳阳"与她的女儿"庆庆"、外孙女"甜甜"和曾孙女"笑笑"无忧无虑地生活在一起。

　　（2）在河北农业大学与山东农业科学院生物技术研究中心联合攻关下，中国的科技人员通过名为《家畜原始生殖细胞胚胎干细胞分离与克隆的研究》实验课题，成功地克隆出两只小白兔——"鲁星"和"鲁月"。这项实验表明，中国已经成功地掌握了胚胎克隆，虽然在技术上还没有达到体细胞克隆羊"多莉"的水平，但它为中国的克隆技术进步奠定了基础。

之后，中国广西大学动物繁殖研究所成功繁殖体形比普通的兔子大的克隆兔。因为兔子与人类的生理更加接近，克隆兔的成功诞生有助于人类医学的研究。

（3）2002 年 5 月 27 日，中国农业大学与北京基因达科技有限公司和河北芦台农场合作，通过体细胞克隆技术，成功克隆了我国第一头优质黄牛——红系冀南牛。这头名为"波娃"的体细胞克隆黄牛经权威部门鉴定，部分克隆技术指标达到国际水平。红系冀南牛是我国特有的优良地方黄牛品种，分布在我国河北，主要特点是耐寒、肉多脂少，但目前数量急剧减少，已濒临灭绝。此次成功克隆，对保护我国濒危物种具有深远的影响。

（4）2002 年 10 月 16 日，中国第一头利用玻璃化冷冻技术培育出的体细胞克隆牛在山东省梁山县诞生。这头克隆牛的核供体来自于一头年产鲜奶 10 吨以上的优质黑白花奶牛的耳皮肤成纤维细胞。克隆胚胎经过玻璃化冷冻后移植到一头鲁西黄牛体内，经过 281 天后于 2002 年 10 月 16 日产出一头健康的黑白花奶牛。这头克隆牛诞生时体重 40 千克，身高 80 厘米，体长 72 厘米，胸围 80 厘米。当天能站立，当晚能叫、能卧、能蹦，与正常出生的奶牛体形特征无异。这是中国首例利用玻璃化冷冻技术培育出的第一头体细胞克隆牛。在此之前，中国一直沿用的是鲜胚移植技术，尚未有利用冷冻技术克隆成功的先例。

知识小链接

玻璃化冷冻技术

玻璃化超快速冷冻技术是最简洁、最快速的胚胎冷冻保存技术，冷冻过程不超过 1 分钟，不需要昂贵的程控冷冻仪器，是促进胚胎移植产业化的关键技术之一。该项目采用玻璃化冷冻体细胞克隆牛胚胎移植产犊，在世界上尚属首例。

克隆技术的利与弊

克隆技术的益处：

（1）克隆实验的实施促进了遗传学的发展，为制造能移植于人体的动物器官开辟了前景。

（2）克隆技术也可用于检测胎儿的遗传缺陷。将受精卵克隆用于检测各种遗传疾病，克隆的胚胎与子宫中发育的胎儿遗传特征相同。

（3）克隆技术可用于治疗神经系统的损伤。成年人的神经组织没有再生能力，但干细胞可以修复神经系统损伤。

（4）在体外受精手术中，医生常常需要将多个受精卵植入子宫，以从中筛选一个进入妊娠阶段，但许多女性只能提供一个卵子用于受精，通过克隆可以很好地解决这一问题。这个卵细胞可以克隆成为多个用于受精，从而大大提高妊娠的成功率。

基本小知识

神经系统

神经系统是人体内起主导作用的功能调节系统。人体的结构与功能均极为复杂，体内各器官、系统的功能和各种生理过程都不是各自孤立地进行，而是在神经系统的直接或间接调节控制下，互相联系、互相影响、密切配合，使人体成为一个完整统一的有机体，实现和维持正常的生命活动。神经系统由中枢部分及其外周部分所组成。中枢部分包括脑和脊髓。

克隆技术的弊端：

（1）克隆将减少遗传变异。通过克隆产生的个体具有同样的遗传基因、同样的疾病敏感性，一种疾病就可以毁灭整个由克隆产生的群体。可以设想，如果一个国家的牛群都是同一个克隆产物，一种并不严重的病毒就可能毁灭全国的畜牧业。

（2）克隆技术的使用将使人们倾向于大量繁殖现有种群中最有利用价值的个体，而不是按自然规律促进整个种群的优胜劣汰。从这个意义上说，克隆技术干扰了自然进化的过程。

（3）克隆技术是一种昂贵的技术，需要大量的金钱和生物专业人士的参与，失败率非常高。虽然现在发展出了更先进的技术，成功率也只能达到2%～3%。

（4）转基因动物提高了疾病传染的风险。例如，如果一头生产药物牛奶的牛感染了病毒，这种病毒就可能通过牛奶感染病人。

（5）克隆技术应用于人体将导致对后代遗传性状的人工控制。克隆技术引起争论的核心就是能否允许对发育初期的人类胚胎进行遗传操作。这是很多伦理学家所不能接受的。

（6）克隆技术也可用来创造"超人"，或拥有健壮的体格而智力低下的人。而且如果克隆技术能够在人类中有效运用，男性也就失去了遗传上的意义。

（7）克隆技术对家庭关系带来的影响也将是巨大的。一个由父亲的 DNA 克隆生成的孩子可以看作父亲的双胞胎兄弟，只不过延迟了几十年出生而已。

基因工程

　　基因工程是生物科学的重要技术领域，在基础理论研究和应用研究中都占有重要地位。因此学习和掌握基因工程的基本理论和实验技术是许多专业领域的需要，赶快来学习吧！

什么是基因工程

科学界曾预言，21 世纪是一个基因工程世纪。基因工程是在分子水平对生物遗传做人为干预，要认识它，我们先从生物工程谈起。生物工程又称生物技术，是一门应用现代生命科学原理和信息及化工等技术，利用活细胞或其产生的酶来对廉价原材料进行不同程度的加工，提供大量有用产品的综合性工程技术。

拓展阅读

酶工程

酶工程就是将酶或者微生物细胞、动植物细胞、细胞器等在一定的生物反应装置中，利用酶所具有的生物催化功能，借助工程手段将相应的原料转化成有用物质，并应用于社会生活的一门科学技术。它包括酶制剂的制备、酶的固定化、酶的修饰与改造和酶的反应器等内容。

生物工程的基础是现代生命科学、技术科学和信息科学。生物工程的主要产品是为社会提供大量优质发酵产品，例如生化药物、化工原料、能源、生物防治剂，以及食品和饮料，还可以为人类提供治理环境、提取金属、临床诊断、基因治疗和改良农作物品种等社会服务。

生物工程主要有基因工程、细胞工程、酶工程、蛋白质工程和微生物工程等五个部分。

其中基因工程就是人们对生物基因进行改造，利用生物生产人们想要的特殊产品。随着 DNA 的内部结构和遗传机制的秘密呈现在人们眼前，生物学家不再仅仅满足于探索、揭示生物遗传的秘密，而是开始跃跃欲试，设想在分子的水平上去干预生物的遗传特性。

　　基因工程，又称为重组 DNA 技术，是按着人们的科研或生产需要，在分子水平上，用人工方法提取或合成不同生物的遗传物质（DNA 片段），在体外切割，拼接形成重组 DNA，然后将重组 DNA 与载体的遗传物质重新组合，再将其引入到没有该 DNA 的受体细胞中，进行复制和表达，生产出符合人类需要的产品或创造出生物的新性状，并使之稳定地遗传给下一代。基因工程具有广泛的应用价值，为工农业生产和医药卫生事业开辟了新的应用途径，也为遗传病的诊断和治疗提供了有效方法。基因工程还可应用于基因的结构、功能与作用机制的研究，有助于生命起源和生物进化等重大问题的探讨。

✎ 知识小链接

载　体

　　载体是在基因工程技术中将 DNA 片段（目的基因）转移至受体细胞的一种能自我复制的 DNA 分子。三种最常用的载体是细菌质粒、噬菌体和动植物病毒。

　　基因工程有两个重要的特征：第一，是可把来自任何生物的基因转移到与其毫无关系的任何其他受体细胞中，因此可以按照人们的愿望，改造生物的遗传特性，创造出生物的新性状；第二，是某一段 DNA 可在受体细胞内进行复制，为准备大量纯化的 DNA 片段提供了可能，拓宽了分子生物学的研究领域。

　　基因工程的研究内容：

　　1. 基础研究。

　　基因工程问世以来，科技工作者始终十分重视基础研究。基础研究包括构建一系列克隆载体和相应的表达系统，建立不同物种的基因组文库，开发新的工具酶，探索新的操作方法等，使基因工程技术不断趋向成熟。

　　（1）基因工程克隆载体的研究。

基因工程的发展是与克隆载体构建密切相关的，由于最早构建和发展了用于原核生物的克隆载体，所以以原核生物为对象的基因工程研究首先得以迅速发展。Ti 质粒的发现以及成功地构建了 Ti 质粒衍生的克隆载体后，植物基因工程研究随之迅速发展起来。动物病毒克隆载体的构建成功，使动物基因工程研究也有一定的进展。构建克隆载体是基因工程技术路线中的核心环节。至今已构建了数以千计的克隆载体，但是构建新的克隆载体仍是今后研究的重要内容之一，尤其是适合用于高等动植物转基因的表达载体和定位整合载体还需大力发展。

你知道吗

克隆载体

　　科学家们通常采用从病毒、质粒或高等生物细胞中获取的 DNA 作为克隆载体。在载体上插入合适大小的外源 DNA 片段，并注意不能破坏载体的自我复制性质。科学家们将重组后的载体引入到宿主细胞中，并在宿主细胞中大量繁殖。常见的载体有质粒、噬菌粒、酵母人工染色体。

　　（2）基因工程受体系统的研究。

　　基因工程的受体与载体是一个系统的两个方面。前者是克隆载体的宿主，是外源目的基因表达的场所。受体可以是单个细胞，也可以是组织、器官，甚至是个体。用作基因工程的受体可分为两类，即原核生物和真核生物。

　　原核生物大肠杆菌是早期被采用的最好受体系统，应用技术成熟，几乎是现有一切克隆载体的宿主。以大肠杆菌为受体建立了一系列基因组文库，以及大量转基因工程菌株，开发了一批已投入市场的基因工程产品。蓝细菌（蓝藻）是进行植物型光合作用的原核生物，兼具植物自养生长和原核生物遗传背景简单的特性，便于基因操作和利用光能进行无机培养，因此近年来蓝细菌开始被用作廉价高效表达外源目的基因的受体系统。

　　酵母菌是十分简单的单细胞真核生物，具有与原核生物很多相似的性状。

酵母菌异养生长，便于工业化发酵；基因组相对较小，有的株系还含有质粒，便于基因操作，因此酵母菌是较早被用作基因工程受体的真核生物。有人把酵母菌同大肠杆菌一起看作是第一代基因工程的受体系统。酵母菌不仅是外源基因（尤其是真核基因）表达的受体，建立了一系列工程菌株，而且成为当前建立人和高等动物、植物复杂基因组文库的受体系统。真核生物单细胞小球藻和衣藻也被用于研究外源基因表达的受体系统。

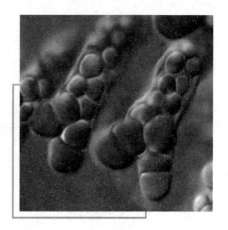

蓝细菌

拓展阅读

真核生物

真核生物是由真核细胞构成的生物，包括所有动物、植物、真菌和其他具有由膜包裹着的复杂亚细胞结构的生物。许多真核细胞中还含有其他细胞器，如线粒体、叶绿体、高尔基体等。

随着克隆载体的发展，至今高等植物也已用作基因工程的受体。目前，用作基因工程受体的植物有双子叶植物，如烟草、番茄、棉花等，单子叶植物有水稻、玉米、小麦等，获得了相应的转基因植物。

动物鉴于体细胞再分化能力差，目前主要以生殖细胞或胚细胞作为基因工程受体，获得了转基因鼠、鱼、鸡等动物。

动物体细胞也用作基因工程受体，获得了系列转基因细胞系，用作基础研究材料，或用来生产基因工程药物。随着克隆羊的问世，对动物体细胞作为基因工程受体的研究越来越受重视。

人的体细胞同样可作为基因工程的受体，转基因细胞可用于病理研究。

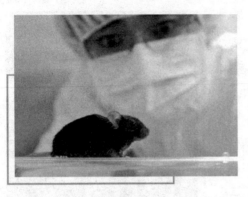

转基因鼠

近年来，还以异常生长的细胞作为受体，通过转基因使其恢复正常的生长状态（基因治疗）。

（3）目的基因研究。

基因是一种资源，而且是一种有限的战略性资源，因此开发基因资源已成为发达国家之间激烈竞争的焦点之一，谁拥有基因专利多，谁就能在基因工程领域占主导地位。

基因工程研究的基本任务是开发人们特殊需要的基因产物，这样的基因统称为目的基因。具有优良性状的基因理所当然是目的基因，而致病基因在特定的情况下同样可作为目的基因，具有很大的开发价值。即使是那些今天尚不清楚功能的基因，随着研究的深入，也许以后会成为具有很大开发价值的目的基因。

获得目的基因的途径很多，主要是通过构建基因组文库，从中筛选出特殊需要的基因。近年来，人们也广泛使用 PCR 技术直接从某生物基因组中扩增出需要的基因。对于较小的目的基因也可用人工化学合成。现在，已获得的目的基因大致可分为三大类：第一类是与医药相关的基因；第二类是抗病虫害和抗恶劣环境的基因；第三类是编码具有特殊营养价值的蛋白或多肽的基因。

近年来，人们越来越重视基因组的研究工作，试图搞清楚某种生物基因组的全部基因，为全面开发各种基因奠定基础。据统计，至 1998 年完成基因组测序的生物有 11 种，如嗜血流感杆菌、大肠杆菌 K－12、啤酒酵母、枯草杆菌等。

早在 20 世纪 80 年代就有人对人类的基因组产生了兴趣，提出人类基因组研究计划。从 1990 年开始，先后由美国、英国、日本、德国、法国等国实施"人类基因组计划"，我国于 1999 年 9 月也获准参加这一国际性计划，在北京和上海分别成立了人类基因组研究中心，承担人类基因组 1% 的测序任务。这些国家聚集了一批科技人员，经过十年的辛勤工作，于 2000 年 6 月宣告人类基因组"工作框架图"已经绘制完毕，同时已破译了近万个基因。至 1999 年，美国对 6500 个人类基因提出了专利申请。科学家一般认为人类基因组含有数万个基因，各司其职，控制着人的生长、发育、繁殖。一旦人类基因组全部被破译，就可了解人类几千种遗传性疾病的病因，为基因治疗提供可靠的依据，并且将保证人类的优生优育，提高人类的生活质量。

　　除"人类基因组计划"以外，科学家目前也正在实施"水稻基因组计划"。以稻米为主食的我国早在 1992 年 8 月正式宣布实施"水稻基因组计划"，并且是目前国际"水稻基因组计划"的主要参加者，2001 年 10 月 12 日，我国宣布具有国际领先水平的中国水稻基因组"工作框架图"和数据库在我国已经完成。这一成果标志着我国已成为继美国之后，世界上第二个能够独立完成大规模全基因组测序和组装分析能力的国家，表明我国在基因组学和生物信息学领域不仅掌握了世界上一流的技术，而且具备了组织和实施大规模科研项目开发的能力。水稻全基因组"工作框架图"的完成，将带动小麦、玉米等所有粮食作物的基础与应用研究。

> 基本
> 小知识
>
> ## 基 因 组
>
> 　　基因组，是单倍体细胞中的全套染色体为一个基因组，或是单倍体细胞中的全部基因为一个基因组。可是基因组测序的结果发现，基因编码序列只占整个基因组序列的很小一部分，因此基因组应该指单倍体细胞中包括编码序列和非编码序列在内的全部 DNA 分子。核基因组是单倍体细胞核内的全部 DNA 分子；线粒体基因组则是一个线粒体所包含的全部 DNA 分子；叶绿体基因组则是一个叶绿体所包含的全部 DNA 分子。

（4）基因工程工具酶的研究。

基因工程工具酶指体外进行 DNA 合成、切割、修饰和连接等系列过程中所需要的酶，包括 DNA 聚合酶、限制性核酸内切酶、修饰酶和连接酶等。

限制性核酸内切酶用于有规律地切割 DNA，把提供的 DNA 原材料切割成具有特定末端的 DNA 片段。人们现已从不同生物中发现和分离出上千种限制性核酸内切酶，基本上可满足按不同目的切割各种 DNA 分子的需要。

你知道吗

PCR 技术

聚合酶链式反应（Polymerase Chain Reaction），简称 PCR，是一种分子生物学技术，用于放大特定的 DNA 片段，可看作生物体外的特殊 DNA 复制。PCR 是利用 DNA 在体外 95℃ 时解旋，35℃ 时引物与单链按碱基互补配对结合，再调温度至 65℃ 左右，DNA 聚合酶沿着磷酸到五碳糖的方向合成互补链。由 PCR 技术制造的 PCR 仪实际就是一个温控设备，能在 95℃、35℃、65℃ 之间很好地控制。

DNA 连接酶用于连接各种 DNA 片段，使不同基因重组。现在常用的 DNA 连接酶只有两种，即大肠杆菌 DNA 连接酶和 T4 DNA 连接酶，前者只能连接具勤性末端的 DNA 片段；后者既能连接具勤性末端的 DNA 片段，也能连接具平末端的 DNA 片段。

DNA 聚合酶用于人工合成连杆、引物等 DNA 小片段，以及含基因的较大的 DNA 片段，还用于制备 DNA 探针。多种耐热性 DNA 聚合酶的发现，使 PCR 技术迅速发展，为现代的生命科学提供了先进的研究手段。

（5）基因工程新技术研究。

围绕外源基因导入受体细胞，发展了一系列用于不同类型受体细胞的 DNA 转化方法和病毒转导方法，特别是近年来研制的基因枪和电激仪克服了某些克隆载体应用的物种局限性，提高了外源 DNA 转化的效率。

围绕基因的检测方法，在放射性同位素标记探针的基础上，近年来又发展了非放射性标记 DNA 探针技术和荧光探针技术，如生物素标记 DNA 探针、Dig 标记 DNA 探针、荧光素标记 DNA 探针等。

PCR 技术的发展不仅大大地提高了基因检测的灵敏度，而且为分离基因提供了快速简便的途径。PCR 技术自从 1985 年建立以来，发展很快，除一般采用的常规 PCR 技术外，还发展了多种特殊的 PCR 技术，如长片段 PCR 技术、反转录 PCR 技术、免疫 PCR 技术、套式引物 PCR 技术、反向 PCR 技术、标记 PCR 技术、复合 PCR 技术、不对称 PCR 技术、定量 PCR 技术、锚定 PCR 技术、重组 PCR 技术、加端 PCR 技术等。

凝胶电泳技术可以在凝胶板上把不同分子大小的 DNA 分子或片段分开，但是只能分辨几万碱基的 DNA 分子或片段。脉冲电泳技术的问世，不仅能分开上百万碱基的 DNA 分子或片段，而且能够使完整的染色体彼此分开。

2. 应用研究。

基因工程技术已广泛应用于医、农、牧、渔等产业，甚至与环境保护也有密切的关系。研究成果最显著的是基因工程药物。转基因植物的研究也取得了喜人的成果。

◆▶ 基因工程的诞生与发展

由于分子生物学和分子遗传学发展的影响，基因分子生物学的研究也取得了前所未有的进步，为基因工程的诞生奠定了坚实的理论基础。这些成就主要包括了 3 个方面：①在 20 世纪 40 年代确定了遗传信息的携带者，即基因的分子载体是 DNA 而不是蛋白质，从而明确了遗传的物质基础问题。②在 20 世纪 50 年代揭示了 DNA 分子的双螺旋结构模型和半保留复制机制，解决了基因的自我复制和传递的问题。③在 20 世纪 50 年代末期和 20 世纪 60 年代初期，相继提出了中心法则和操纵子学说，并成功破译了遗传密码，从而阐明了遗传信息的流向和表达问题。

人们期待已久的，主动改造生物的遗传特性，创造具有优良性状的生物新类型的美好愿望，从理论上讲已经有可能变为现实。

基因工程诞生的理论依据：

（1）DNA 是遗传物质。

不同基因具有相同的物质基础。地球上的一切生物，从细菌到高等动物和植物，甚至人类，它们的基因都是一个具有遗传功能的特定核苷酸序列的 DNA 片段，而所有生物的 DNA 的基本结构都是一样的，因此不同生物的基因（DNA 片段）原则上是可以重组互换的。

虽然某些病毒的基因定位在 RNA 上，但是这些病毒的 RNA 仍可以通过反转录产生。DNA 并不影响不同基因的重组或互换。

基本小知识

RNA

核糖核酸（缩写为 RNA），存在于生物细胞以及部分病毒、类病毒中的遗传信息载体。由至少几十个核糖核苷酸通过磷酸二酯键连接而成的一类核酸，因含核糖而得名。RNA 普遍存在于动物、植物、微生物及某些病毒和噬菌体内。RNA 和蛋白质生物合成有密切的关系。在 RNA 病毒和噬菌体内，RNA 是遗传信息的载体。RNA 一般是单链线形分子，也有双链的，1983 年还发现了有支链的 RNA 分子。

肺炎双球菌转化实验。1944 年，美国微生物学家 Avery 通过细菌（肺炎链球菌）转化（有毒与无毒）研究确定了基因的分子载体是 DNA，而不是蛋白质。

噬菌体转染实验。1952 年，Alfred Hershy 和 Marsha Chase 用标记物的噬菌体（P32 和 S35）感染大肠杆菌，发现只有 P32 标记的 DNA 注入寄主细胞才能繁殖下一代，进一步证明遗传物质是 DNA。

（2）DNA 双螺旋结构。

1953 年，Watson 和 Crick 揭示了 DNA 分子的双螺旋结构和半保留复制机制。

（3）遗传密码。

遗传密码是通用的。一系列三联密码子（除极少数的几个以外）同氨基酸之间的对应关系，在所有生物中都是相同的。也就是说遗传密码是通用的，重组的 DNA 分子不管导入什么生物细胞中，只要具备转录翻译的条件，均能转译出原样的氨基酸。即使人工合成的 DNA 分子（基因），同样可以转录翻译出相应的氨基酸。现在，基因是可以人工合成的。

（4）基因是可切割的。

基因直线排列在 DNA 分子上。除少数基因重叠排列外，大多数基因彼此之间存在着间隔序列，因此作为 DNA 分子上一个特定核苷酸序列的基因，允许从 DNA 分子上一个一个完整地切割下来。即使是重叠排列的基因，也可以把指定的基因切割下来，尽管破坏了其他基因。

（5）基因是可以转移的。

基因不仅是可以切割下来的，而且发现生物体内有的基因可以在染色体 DNA 上移动，甚至可以在不同染色体间进行跳跃，插入到靶 DNA 分子之中。由此表明，基因是可转移的。

（6）多肽与基因之间存在对应关系。

现在普遍认为，一种多肽就有一种相对应的基因，因此基因的转移或重组可以根据其表达产物多肽的性质来检查。

🖋 知识小链接

多　肽

多肽是 α - 氨基酸以肽链连接在一起而形成的化合物。它也是蛋白质水解的中间产物。由两个氨基酸分子脱水缩合而成的化合物叫二肽，同理类推还有三肽、四肽、五肽等。通常由 10 ~ 100 氨基酸分子脱水缩合而成的化合物叫多肽。

（7）基因可以通过复制把遗传信息传递给下一代。

经重组的基因一般来说是能传代的，可以获得相对稳定的转基因生物。

但在20世纪60年代的科学技术发展水平下，真正实施基因工程，还有一些问题。要详细了解DNA编码蛋白质的情况，以及DNA与基因的关系等，就必须首先弄清DNA核苷酸序列的整体结构，怎样才能分离出单基因，以便能够在体外对它的结构与功能等一系列的有关问题作深入的研究，对于基因操作来说是十分重要的环节。20世纪70年代，DNA分子的切割与连接技术，DNA的核苷酸序列分析技术从根本上解决了DNA的结构分析问题。

应用限制性核酸内切酶和DNA连接酶对DNA分子进行体外的切割与连接，是20世纪60年代末发展起来的一项重要的基因操作技术。

知识小链接

内切酶

内切酶，即限制性核酸内切酶，亦称限制性核酸酶。它是一种能催化多核苷酸的链断裂的酶，只对脱氧核糖核酸内一定碱基序列中的一定位置发生作用，把该位置的链切开。通过内切酶可以把某一个遗传基因切下来，若再连在别的细胞的遗传基因上，便可使这细胞具有新的遗传特性。内切酶的发现和采用，使基因工程成为可能。

在20世纪70年代，将外源DNA分子导入大肠杆菌的转化现象获得成功。1972年，斯坦福大学的S. Cohen等人报道，经氯化钙处理的大肠杆菌细胞同样也能够摄取质粒的DNA。从此，大肠杆菌便成了分子克隆的良好的转化受体。

20世纪70年代初期，开展DNA重组工作，无论在理论上还是在技术上都已经具备了条件。1972年，斯坦福大学的P. Berg博士领导的研究小组，率先完成了世界上第一次成功的DNA体外重组实验。

　　基因工程是在生物化学、分子生物学和分子遗传学等学科的研究成果基础上逐步发展起来的。基因工程研究的发展大致可分为以下几个阶段：

　　（1）基因工程的准备阶段。

　　理论上的准备。1944年，美国微生物学家 Avery 等通过细菌转化研究，证明 DNA 是基因载体。从此之后，对 DNA 的结构模型开展了广泛的研究，至1953年 Watson 和 Crick 建立了 DNA 分子的双螺旋模型，在此基础上进一步研究 DNA 的遗传信息。1958年至1971年先后确立了中心法则，破译了64种密码子，成功地揭示了遗传信息的流向和表达问题。以上研究成果为基因工程的问世提供了理论上的准备。

　　技术上的准备。20世纪60年代末70年代初，限制性核酸内切酶和 DNA 连接酶等的发现，使 DNA 分子进行体外切割和连接成为可能。1972年，首次构建了一个重组 DNA 分子，提出了体外重组的 DNA 分子是如何进入宿主细胞，并在其中进行复制和有效表达等问题。经研究发现，质粒分子是承载外源 DNA 片段的理想载体，病毒、噬菌体的 DNA（或 RNA）也可改建成载体。至此，为基因工程的问世在技术上做好了准备。

　　（2）基因工程的问世。

　　基因工程在理论上和技术上有了充分准备后，Cohen 等在1973年首次完成了重组质粒 DNA 对大肠杆菌的转化，同时又与别人合作，将非洲爪蟾含核糖体基因的 DNA 片段与质粒 pSC101 重组，转化大肠杆菌，转录出相应的 mRNA。此研究成果表明基因工程已正式问世。它不仅宣告质粒分子可以作为基因克隆载体，能携带外

非洲爪蟾

源 DNA 导入宿主细胞，而且证实真核生物的基因可以转移到原核生物细胞

中，并在其中实现功能表达。

（3）基因工程的迅速发展阶段。

自基因工程问世以来的几十年是基因工程迅速发展的阶段。不仅发展了一系列新的基因工程操作技术，构建了多种供转化（或转导）原核生物和动物、植物细胞的载体，获得了大量转基因菌株，而且于1980年首次通过显微注射培育出世界上第一种转基因动物——转基因小鼠，1983年采用农杆菌介导法培育出世界上第一例转基因植物——转基因烟草。

知识小链接

农杆菌

农杆菌是生活在植物根的表面依靠由根组织渗透出来的营养物质生存的一类普遍存在于土壤中的革兰氏阴性细菌。农杆菌主要有两种：根癌农杆菌和发根农杆菌。根癌农杆菌能在自然条件下趋化性地感染140多种双子叶植物或裸子植物的受伤部位，并诱导产生冠瘿瘤。

基因工程基础研究的进展，推动了基因工程应用的迅速发展。用基因工程技术研制生产的药物，至今已上市的有50种左右，上百种药物正在进行临床试验，更多的药物处于前期实验室研究阶段。转基因植物的研究也有很大

转生长激素基因猪

的进展，自从1986年首次批准转基因烟草进行田间试验以来，至1994年11月短短几年，全世界批准进行田间试验的转基因植物就有1467例。转基因动物研究的发展虽不如转基因植物研究的发展那样快，但也已获得了转生长激素基因鱼、转生长激素基因猪和抗猪瘟病转基因

猪等。

如果说 20 世纪八九十年代是基因工程基础研究趋向成熟，应用研究初露锋芒的阶段，那么 21 世纪初将是基因工程应用研究的鼎盛时期。农、林、牧、渔、医的很多产品上都会打上基因工程的标记。

▶ 怎样进行基因工程

神奇的基因工程属于高科技，它可以让细菌生产蚕丝；让马铃薯枝上结西红柿，根上长土豆。下面以细菌生产胰岛素作为例子，来讲讲基因工程的操作过程。

胰岛素是人体分泌的一种蛋白质类激素，具有重要的生理功能。医学上可用胰岛素治疗糖尿病。科学家首先搞清了胰岛素这种蛋白质的结构，又深入研究了控制胰岛素的基因。只有把基因搞清楚了，才能进行基因工程。

◎ 限制性内切酶

胰岛素的基因不是很大，可以从人体细胞的 DNA 中分离出来这个基因。科学家们用一类具有手术刀一样功能的限制性内切酶对长链 DNA 进行切割。这类酶能够按一定规则把 DNA 切割成大小不等的片段，胰岛素基因就存在于这些片段之中。通过一些先进技术，可以把胰岛素基因从成千上万的片段中找出来。可是，这些胰岛素基因不能被细菌细胞利用。这是因为胰岛素基因是高等生物的基因，在 DNA 中有一些序列不能被细菌细胞识别。科学家们就通过另一条途径分离得到了被细菌细胞识别和利用的胰岛素基因。对一些比较小的基因，搞清楚它们的 DNA 序列，也可以用人工合成的方法制造出这个基因。

◎ 载体 DNA

得到了胰岛素基因，还要进行非常关键的一步，就是把这个基因与一个称为载体的很小的 DNA 连接起来。载体在基因工程中非常重要，它能把胰岛素基因安全地带入活细胞中，还能在活细胞中复制自己，这也使得和它连在一起的胰岛素基因一块进行复制。

◎ 连接酶

把胰岛素基因和载体结合在一起的工作，要由一类被称为连接酶的蛋白质来完成。连接酶就像是胶水或缝衣针一样，把分开的 DNA 片段连接起来。由于这些片段重新组合后被连接，所以我们称连接好的这些片段为重组体。

你知道吗

重组体

通过重组作用所产生的具有与双亲中任一方都不同的基因型的子代，是不同来源的 DNA 组合成的分子。

接下来的工作是把这些含有胰岛素基因的重组体导入活细胞中。这种活细胞多是大肠杆菌，也可以是其他别的细菌。把这些细菌和重组体混合在一起，用一些化学药物处理后，重组体就能穿过细菌细胞膜进入到里边。

具有丰富经验的科学家利用载体所带的记号，可以从大量的细菌中把含有重组体的和不含重组体的细菌分开，单独培养带有胰岛基因的细菌。这时胰岛素基因会在载体的协助下，利用细菌细胞内的原料来合成人类所需的胰岛素。细菌的生长速度很快，基因工程最常用的大肠杆菌每 20 分钟就能繁殖一代，可以想象细菌生产胰岛素的效率是很高的。

◎ 转基因技术

将人工分离和修饰过的基因导入到生物体基因组中，由于导入基因的表达，引起生物体的性状的可遗传的修饰，这一技术称为转基因技术。

转基因技术，包括外源基因的克隆、表达载体、受体细胞，以及转基因途径等。外源基因的人工合成技术、基因调控网络的人工设计发展，导致了21世纪的转基因技术将走向合成生物学时代。

用转基因技术将具有特殊经济价值的外源基因导入动植物体内，不但表达出人类所需要的优良性状，如抗虫、抗病、抗除草剂、抗倒伏、产肉产蛋量高，还可以通过蛋白质重新组合得到新的品种，如通过该技术培育出带牛基因的转基因猪，生长速度快，耐粗饲料。转基因动物为人类异体器官移植提供了可能，而美国的加利福尼亚大学已经在这方面取得了较大的进展。

转基因动植物与正常的动植物有什么区别呢？从表面上看来，转基因植物同普通植物似乎没有任何区别，它只是多了能使它产

你知道吗

器官移植

器官移植是将健康的器官移植到通常是另一个人体内使之迅速恢复功能的手术，目的是代偿受者相应器官因致命性疾病而丧失的功能。广义的器官移植包括细胞移植和组织移植。若献出器官的供者和接受器官的受者是同一个人，则这种移植称自体移植；供者与受者虽非同一人，但供受者（即同卵双生子）有着完全相同的遗传物质，这种移植叫同质移植。人与人之间的移植称为同种移植；不同种的动物间的移植（如将黑猩猩的心或狒狒的肝移植给人），属于异种移植。

生额外特性的基因。从1983年以来，生物学家已经知道如何将外来基因移植到某种植物的脱氧核糖核酸中去，以便使它具有某种新的特性：抗除莠剂的特性、抗植物病毒的特性、抗某种害虫的特性……这个基因可以来自任何一种生命体——细菌、病毒、昆虫……这样，通过生物工程技术，人们可以给某种作物注入一种靠杂交方式根本无法获得的特性，这是人类作物栽培史上的一场空前革命。

世界上第一种基因移植作物是一种含有抗生素药类抗体的烟草。它在

1983 年培植出来，直到十年后，第一种市场化的基因作物才在美国出现，那是一种可以延迟成熟的西红柿。1996 年，由这种西红柿食品制造的西红柿饼才得以允许在超市出售。

迄今为止，转基因牛羊、转基因鱼虾、转基因粮食、转基因蔬菜和转基因水果在国内外均已培育成功并已投入食品市场。全球的转基因作物在问世后的 7 年中整整增加了 40 倍，转基因生物以植物、动物和微生物为多，其中植物是最普遍的。从 1983 年研究成功后，转基因作物从 1996 年的 170 万公顷直接增长至 2003 年的 6770 万公顷，有 5 大洲 18 个国家的 700 万农户种植，其中转基因大豆已占全部大豆种植的 55%，玉米占 11%，棉花占 21%，油菜占 16%，这些作物的国际贸易出口额也在增加。

美国是转基因技术采用最多的国家。自 20 世纪 90 年代初将基因改制技术实际投入农业生产领域以来，目前美国农产品的年产量中 55% 的大豆、45% 棉花和 40% 的玉米已逐步转为通过基因改制方式生产。目前，有 20 多种转基因农作物的种子已经获准在美国播种，包括玉米、大豆、油菜、土豆和棉花。据估计，美国基因工程农产品和食品的市场规模到 2019 年将达到 750 亿美元。

我国已经开展了棉花、水稻、小麦、玉米和大豆等方面的转基因研究，目前已经取得了很多研究成果，尤其是在转基因棉花研究方面成绩突出。然而，我国真正进行大规模商业化的品种却并不是很多。真正规模种植的只有抗病毒甜椒、延迟成熟西红柿、抗病毒烟草和抗虫棉等 6 个品种。有专家认为，我国同样也存在着大量的转基因食品，市场调查显示，在我国市场上 70% 的含有大豆成分的食物中都有转基因成分，像

各种膨化食品

豆油、磷脂、酱油、膨化食品等，所以人们其实是在不知不觉中和转基因食品有了联系。

◎ 转基因动物

所谓转基因动物，是用实验方法，把外源基因导入到动物体内，这种外源基因与动物本身的染色体整合，这时外源基因就能随细胞的分裂而增殖，在体内得到表达，并能传给后代。世界上第一只转基因动物巨鼠，是将大白鼠生长激素导入小白鼠的受精卵中，再将这个受精卵移入代孕的母鼠子宫中，产下的小白鼠比一般的大一倍。这只在遗传学上具有重大意义的转基因动物的培育成功，展现出诱人的光明前景。将外源基因导入家畜，能使家畜朝人类希望的目标靠拢，如肉质改善、饲料增效、个体增大、体重增加、奶量提高、脂肪减少等。例如将长瘦肉的基因导入猪细胞中，猪就成为瘦肉型；将促乳汁分泌的基因导入牛、羊细胞中，这些转基因牛和转基因羊的乳汁猛增。

利用转基因动物生产蛋白质、造药，是全新的生产模式，它有明显优势：转基因动物的乳汁，可以方便收集，且不损伤动物；目的蛋白质已在动物体内加工和修饰，不必再进行后加工。用转基因动物生产，也不需投入大量资金建厂、添设施、雇用人员等。转基因动物还将是人类最好的"器官库"，提供从皮肤、角膜，到心、肝、肾等几乎所有的"零件"，让体内部分"零件"出了故障的病人重获生的希望。

克隆动物的操作过程中，完全可以同时进行转基因操作。在体细胞去核并与去核的卵细胞结合之前，将有关的人类基因注入，这样，培育的"转基因克隆羊"就会产生出人类蛋白质。

人类改造自然界的生物种群，开始于人工筛选育种，继而人工杂交、人工诱变。20世纪80年代，我国科学家首先研制成功了转基因鱼。

中国运用基因工程技术生产的转基因动物，经济效益位居榜首的是转基

转基因鲤鱼

因鲤鱼，这种变种鱼已有了好几代。它们食量大、长得快，是普通鲤鱼生长速度的 2～3 倍，而且，各项实验表明，它们生长快速的性状是可以遗传的。

中国科学院水生所的科研人员，在 20 世纪 90 年代初已建立了一个完整的转基因鱼模型。他们用转基因的方法人工培育的金鱼，也比普通金鱼的生长速度提高 4 倍。

科学家们还用人工诱导雌、雄核发育技术，借助鱼类不同性别的生长优势，达到增产的目的。人工诱导鱼类多倍体也获得成功。三倍体鱼经人工养殖，具有生长快、体型大、肉质好、寿命长的优点，具有很好的实用价值。

知识小链接

三倍体

含有三组染色体的细胞或生物。三倍体生物因难以进行减数分裂形成配子，故常不育。

◎ 转基因植物

转基因植物是指拥有来自其他物种基因的植物。该基因变化过程可以来自不同物种之间的杂交，但今天该名词更多地特指那些在实验室里通过重组 DNA 技术人工插入其他物种基因以创造出拥有新特性的植物。

转基因植物的研究主要在于改进植物的品质，改变生长周期或花期等提高其经济价值或观赏价值；作为某些蛋白质和次生代谢产物的生物反应器，进行大规模生产；研究基因在植物个体发育中，以及正常生理代谢过程中的功能。

以植物作为生物技术的实验材料有其特定的优点，那就是植物细胞大部分都有全能性，可以用单个细胞分化发育出整个植株。这样，经过基因工程改造的单个植物细胞有可能再生成一棵完整的转基因植株。这些植株还可通过有性生殖过程把改变了的性状遗传给下一代。

植物基因工程用作外源基因的转化受体有许多种，包括胚性愈伤组织、分生细胞、幼胚、成熟胚、受精胚珠、种子和原生质体等。从这些受体细胞都可获得再生的转基因植株。

植物基因转化方法

植物基因转化的方法按其是否需要通过组织培养、再生植株可分成两大类，第一类需要通过组织培养、再生植株，常用的方法有农杆菌介导转化法、基因枪法；另一类方法不需要通过组织培养，目前比较成熟的主要有花粉管通道法。

2001 年，世界转基因植物商品化种植面积达到 5260 万公顷，其中我国的种植面积为 150 万公顷，是 2000 年的三倍，成为世界转基因作物种植面积增长最快的国家。增长快的主要原因一方面是因为已开发的产品效果良好，受到农户的重视而加大了种植面积；另一方面是由于国家加大了研究力度，转基因植物的新技术和新产品不断出现。

（1）抗虫转基因植物。

2001 年，转基因抗虫棉在已经取得重大成绩的基础上又有新的突破。中国农业科学院生物技术研究所的抗虫棉基因专利"编码杀虫蛋白质融合基因和表达载体及其应用"获得国家知识产权局和世界知识产权组织授予的中国专利金奖。同时，双价转基因抗虫棉 SGK321 也顺利通过河北省品种审定委员会审定，标志着中国在双基因抗虫棉研究领域处于国际领先地位。

到目前为止，中国已审定抗虫棉品种 14 个，其中单价棉 11 个；双价棉 3 个。这些抗虫棉品种均高抗棉铃虫，具有较好的品质、性状及丰产性，同时还培育出一批具有较强竞争力的抗虫棉品种，其中杂交棉品种 2 个，常规品种 2 个。2001 年，国产抗虫棉已经在河北、河南、山西、山东、湖南、湖北等 17 个省市推广 60 万公顷，占据了国内抗虫棉 43.3% 的市场份额。2001 年，转基因抗虫棉的种植面积达到了全国棉花种植面积的 31%，种植农户超过 350 万户。

转基因抗虫棉

在抗虫转基因水稻方面，中国科学院遗传与发育生物学研究所研制的转 SCK 基因（修饰豇豆蛋白酶抑制剂基因）抗虫水稻在福建已连续进行了 5 年大田试验。经鉴定，其对二化螟田间防治效果达 90% ~100%，稻纵卷叶螟抗性达 81% ~100%，大螟 62.6%~63.9%，稻苞虫 83.9%。

鉴于目前政策原因，暂时还不能大面积推广种植，但已采取多地区多点进行大田试验。该转基因水稻的食品安全性检测已基本完成，结果表明与常规稻无明显差异。目前，正进一步发展无选择标记、高效表达、多价抗虫基因等转基因水稻新品种。

（2）抗病转基因植物。

中国科学院遗传与发育生物学研究所和国外单位合作定位和克隆成功的白叶枯病抗性基因 Xa21 通过独创的水稻 Xa21 基因农杆菌介导转化系统大量转化高产优质水稻品种明恢 63、珍汕 97B、盐恢 559、太湖粳 6 等。抗性分析显示这些转基因系对 19 个不同的白叶枯病原菌株包括 9 个菲律宾小种、3 个日本小种和 7 个中国病原型高度抗性，接种鉴定病斑面积小于 10%。多数 Xa21 转基因系的抗性强于 Xa21 基因供体 IRBB21，这表明在不同的遗传背景下，Xa21 仍保留了对白叶枯病的高度抗性和广谱抗性。目前，部分转基因株系已经进入试种阶段。

🖋 知识小链接

白叶枯病

白叶枯病主要发生于叶片和叶鞘上。初起在叶缘产生半透明黄色小斑，以后沿叶缘一侧或两侧或沿中脉发展成波纹状的黄绿或灰绿色病斑；病部与健部分界线明显；数日后病斑转为灰白色，并向内卷曲，远望一片枯槁色，故称白叶枯病。

中国水稻研究所等单位通过转基因技术将昆虫抗菌肽基因通过基因枪技术或通过 pCBl 载体导入水稻未成熟胚，获得抗细菌病转基因水稻植株，实验证明，转基因水稻在温室条件下对白叶枯病菌和水稻细条病菌的抵抗能力增强，并表现其遗传稳定性。

中国农科院生物技术研究所与中国科学院上海植物生理研究所等单位合作，成功地克隆和修饰了植物来源的几丁质酶基因和葡萄糖氧化酶基因，获得了抗黄萎病和枯萎病的转基因棉花，现已进入试种阶段。

（3）转基因植物反应器。

中国科学院上海植物生理研究所开展了利用烟草花叶病毒（TMV）作为表达载体应用于植物生物反应器的研究；用该方法大规模表达口蹄疫病毒表面抗原多肽，制备高效、安全、廉价的重组口蹄疫疫苗。该研究利用自建的 TMV 本地株系基因组 cDNA 突变体库，在外源肽的表达上取得了较大突破，已获得能融合表达长达 31 肽的各种口蹄疫病毒表面抗原肽的重组 TMV。重组病毒具有稳定的系统感染能力，每克烟草鲜叶中可得到 1 毫克以上高纯度的融合蛋白，并且找到了简单有效的从烟草中大规模纯化病毒蛋白工艺路线，及重组疫苗的配制技术。

拓展阅读

口蹄疫

口蹄疫，属一类传染病，俗名"口疮"、"辟癀"，是由口蹄疫病毒所引起的偶蹄动物的一种急性、热性、高度接触性传染病，主要侵害偶蹄兽，多见于人和其他动物。它的临诊特征为口腔粘膜、蹄部和乳房皮肤发生水疱。

（4）转基因植物品质改良。浙江省农科院在国际上首次从光合产物分配的角度，提出了利用反义 PEP 基因提高油菜种子含油量的技术路线，据此构建了反义 PEP 基因，利用农杆菌介导途径，将反义 PEP 基因导入油菜基因组，相继获得了多批反义 PEP 基因油菜植株。育成的"超油一号"含油量达 47.4%，"超油二号"含油量高达 52.82%，含油量均比传统品种提高 25% 以上，成为目前国际上含油量最高的甘蓝型油菜。打破了中国长江流域油菜籽含油量在 37%～43% 长期徘徊的局面，实现了中国油菜籽含油量的突破。

蓝色玫瑰花

玫瑰花本来是没有蓝色的。墨尔本的科学家们，花了 4 年的时间从矮牵牛属等植物中分离出控制各种蓝色的基因，并利用基因工程的方法获得了蓝色玫瑰花。产生各种颜色是植物独特的本领，这是由于植物体内能合成多种色素。而控制各种颜色的，也是 DNA 中的基因。如果按照常规方法培育出奇特颜色的植物，那是一件非常困难的事。但科学家们利用基因工程的方法，从根本上改造植物，大大缩短了培育新品种的时间。

抗虫、抗病植物

植物和人一样，也怕病毒、细菌、真菌和害虫的侵袭。为帮助植物抗虫、抗病，科学家们利用基因工程技术，培养出抗虫、抗病毒的烟草、水稻、玉米、西红柿、甘薯等植株。为什么这些植物不怕害虫了呢？原来科学家们在一种菌中发现了一种结晶状的毒蛋白，这种毒蛋白在昆虫的消化道内变得特别活跃，使昆虫消化道损伤，最终导致昆虫死亡，而对其他生物无害。科学家就从该菌的 DNA 上切下了这段毒蛋白基因，再把这个基因插入到植物细胞的 DNA 中。随着植物细胞 DNA 的活动，合成了很多抗虫的毒蛋白，虫子吃了它，消化道就慢慢地烂掉了。

还有一种虫子害怕的毒蛋白，它的名字叫胰蛋白酶抑制因子。胰蛋白酶是负责消化食物的。胰蛋白酶抑制因子可阻止害虫的消化功能。科学家从一种植物中找到了胰蛋白酶抑制因子的基因，并成功地把它引入到烟草、甘薯等植物中。这个基因在叶子中指

拓展阅读

真　菌

真菌是一种真核生物。最常见的真菌是各类蕈类，另外真菌也包括霉菌和酵母。现在已经发现了七万多种真菌。

你知道吗

细胞壁

细胞壁是原核生物和真核生物的结构和功能的基本单位。除病毒外，一切生物均由细胞构成，根据细胞内核结构分化程度的不同，细胞可以分为原核细胞和真核细胞两大类型。细胞壁是细胞的外层，在细胞膜的外面，细胞壁之厚薄常因组织、功能不同而异。植物、真菌、藻类和原核生物都具有细胞壁，而动物细胞不具有细胞壁。细胞壁本身结构疏松，外界可通过细胞壁进入细胞中。

挥合成了很多胰蛋白酶抑制因子，害虫吃了东西后因消化不良，结果活活被撑死。抗性植物对付病毒的办法是自身产生更多的防卫蛋白或卫星 RNA，也就是提高植物自身的抵抗力。这些防卫蛋白或卫星 RNA 可以把病毒挡在植物细胞壁外，或将病毒包围起来，使它不能再繁殖，不能致病。

◎ 转基因食品

转基因食品，就是指科学家在实验室中，把动植物的基因加以改变，再

各种转基因食品

制造出具备新特征的食品种类。许多人已经知道，所有生物的 DNA 上都有遗传基因，通过修改基因，科学家们就能够改变一个有机体的部分或全部特征。不过，到目前为止，这种技术仍然处于起步阶段，并且没有一种含有其他动植物基因的食物，实现了大规模的经济培植。同时，许多人坚持认为，这种技术培育出来的食物是"不自然的"。

转基因食品的种类

（1）植物性转基因食品。

植物性转基因食品很多。例如，生产面包需要蛋白质含量高的小麦，而目前的小麦品种蛋白质含量较低，将高效表达的蛋白基因转入小麦，将会使做成的面包具有更好的焙烤性能。

番茄是一种营养丰富、经济价值很高的果蔬，但它不耐贮藏。为了解决番茄这类果实的贮藏问题，研究者发现，控制植物衰老激素乙烯合成的酶基因，是导致植物衰老的重要基因，如果能够利用基因工程的方法抑制这个基因的表达，那么衰老激素乙烯的生物合成就会得到控制，番茄也就不容易变

转基因番茄

软和腐烂了。美国、中国等国家的多位科学家经过努力，已培育出了这样的番茄新品种。这种番茄抗衰老，抗软化，耐贮藏，能长途运输，可减少生产和运输中的浪费。

（2）动物性转基因食品。

动物性转基因食品也有很多种类。例如，牛体内转入了人的基因，牛长大后产生的牛乳中含有基因药物，提取后可用于人类病症的治疗。在猪的基因组中转入人的生长素基因，猪的生长速度增加了一倍，猪肉质量大大提高。

（3）转基因微生物食品。

微生物是转基因最常用的转化材料，所以，转基因微生物比较容易培育，应用也最广泛。例如，生产奶酪的凝乳酶，以往只能从杀死的小牛的胃中才能取出。现在利用转基因微生物已能够使凝乳酶在体外大量产生，避免了小牛的无辜死亡，也降低了生产成本。

（4）转基因特殊食品。

科学家利用生物遗传工程，将普通的蔬菜、水果、粮食等农作物，变成能预防疾病的神奇的"疫苗食品"。科学家培育出了一种能预防霍乱的苜蓿植物。用这种苜蓿来喂小白鼠，能使小白鼠的抗病能力大大增强。而且这种霍乱抗原，能经受胃酸的腐蚀而不被破坏，并能激发人体对霍乱的免疫能力。于是，越来越多的

你知道吗

霍乱

霍乱是一种烈性肠道传染病，两种甲类传染病之一，由霍乱弧菌污染水和食物而引起传播。临床上以剧烈泻吐、脱水、肌痉挛、少尿和无尿为特征。严重者可因休克、尿毒症或酸中毒而死亡。在医疗水平低下和治疗措施不力的情况下，病死率甚高。

抗病基因正在被转入植物，使人们在品尝鲜果美味的同时，达到防病的目的。

转基因食品前景乐观

虽然对于转基因食品还存在这样那样的争论，但它的优势还是表现得越来越显著。在美国得到普遍种植的转基因玉米中色氨酸含量提高了20%。色氨酸是人体必需的氨基酸，无法自己合成，只能从外界摄取。一般植物性食品中色氨酸含量很低甚至没有，只有在动物性食物中获取，转基因玉米的出现，对于素食主义者而言，无疑是个喜讯。转基因油菜，不饱和脂肪酸的含量大增，对心血管有利。

在我国，人多地少状况突出，基因工程是解决粮食产量、提高粮食质量的重要途径。近年来，我国转基因食品的研究有了长足的进步，目前的研究开发居世界中等水平。

◗ 基因工程的应用与前景

运用基因工程技术，不但可以培养优质、高产、抗性好的农作物及畜、禽新品种，还可以培养出具有特殊用途的动植物。

转基因牛。利用转基因技术对牛进行品种改良或新品种培育主要体现在两个方面：一是提高牛的抗病能力；二是提高牛的奶产量、改善奶品质，同时转基因技术在改善牛的生长、肉质等性状上也有一些重要进展。

提高抗病能力。2004年，日本、美国联手利用基因工程技术培育出对疯牛病（牛海绵状脑病）具有免疫力的牛，这种转基因牛不携带普里昂蛋白或其他传染蛋白。2005年，Donovan等将编码溶葡糖球菌酶的基因转入奶牛基因组中获得转基因牛，证明其乳腺中表达的溶葡球菌酶可以有效预防由葡萄球菌引起的乳房炎，转基因牛葡萄球感染率仅为14%，而非转基因牛的感染率达71%。2007年，同一研究组的Richt等通过基因打靶技术将牛的

PRNP 基因双位点激活，获得了存活了两年以上的转基因牛。

改善乳品质。2003 年，Brophy 等研究人员提取了 1 头奶牛的胚胎干细胞，并在其中加入 2 种额外的基因——β-酪蛋白和 κ-酪蛋白，由此培育的转基因牛所产的奶中 β-酪蛋白的含量提高了 320%，κ-酪蛋白的含量也增加了 1 倍，这两种酪蛋白也正是干酪和酸奶制品的主要成分。

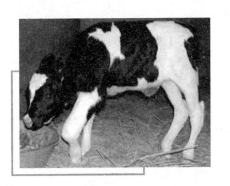

转基因牛犊

基本小知识

干细胞

　　干细胞是一类具有自我复制能力的多潜能细胞，在一定条件下，它可以分化成多种功能细胞。根据干细胞所处的发育阶段，分为胚胎干细胞和成体干细胞。根据干细胞的发育潜能分为三类：全能干细胞、多能干细胞和单能干细胞。干细胞是一种未充分分化、尚不成熟的细胞，具有再生各种组织器官和人体的潜在功能，医学界称为"万用细胞"。

　　动物转基因技术存在的主要问题是转基因动物成活率低，转基因牛的成活率仅为 0.7%。外源基因在宿主细胞中的整合率很低，而且外源基因的整合位点不可控制，已整合的外源基因很容易从宿主基因中消失，遗传给后代的概率也较低。尽管存在着许多的问题，但是多少年来，转基因技术的应用不仅使整个生命科学的研究发生了前所未有的深刻变化，而且也给工农业生产和国民经济发展带来了不可估量的影响。

　　目前，我国牛基因育种与国际同行相比，存在着过于分散、简单重复、规模小等问题。大规模现代化研究设施、新技术、新方法已在牛的新品种培育和现有品种改良上发挥着越来越重要的作用，因此我国亟须建立一体化的国家牛基因育种中心，为扩大规模发展基因育种提供平台。

不会引起过敏的转基因大豆。美国科学家用转基因技术除去大豆中一种引发过敏症的蛋白质，这种转基因大豆对大豆过敏患者可能更为安全。大豆过敏多发于 5 岁以下的幼儿，但少数成年人也有，通常症状为腹泻和皮肤起疹子、发痒，一半以上的大豆过敏病例都是由一种称为 P34 的蛋白质引起的。美国农业部和一家生物技术公司的科学家，采用了一种称为"共抑制"的技术，阻止大豆植株中生成 P34 蛋白质的基因发挥作用，培育出转基因大豆。研究人员对大豆过敏症患者的血清进行试验后发现，转基因大豆没有使血清中产生 P34 抗体，也就是没有过敏反应。

目前，这种转基因大豆已经在美国夏威夷试种。试验表明，抑制 P34 基因似乎对大豆植株的生长没有影响。科学家说，除了 P34 蛋白质，大豆中还有两种蛋白质能引起过敏，因此培育真正的"抗过敏大豆"，要把这三种蛋白质都去掉才行。

基因工程在 20 世纪取得了很大的进展，这至少有两个有力的证明。一是转基因动植物，一是克隆技术。转基因动植物由于植入了新的基因，使得动植物具有了原先没有的全新的性状，这引起了一场农业革命。如今，转基因技术已经开始广泛应用，如抗虫西红柿、转基因鲤鱼等。1997 年，世界十大科技突破之首是克隆羊的诞生。这只叫"多莉"的母绵羊是第一只通过无性繁殖生产的哺乳动物，它完全秉承了给予它细胞核的那只母羊的遗传基因。"克隆"一时间成为人们注目的焦点。尽管有伦理和

你知道吗

血清

血清是指血液凝固后，在血浆中除去纤维蛋白分离出的淡黄色透明液体或指纤维蛋白已被除去的血浆。它的主要作用是提供基本营养物质、提供激素和各种生长因子、提供结合蛋白、提供促接触和伸展因子使细胞贴壁免受机械损伤、对培养中的细胞起到某些保护作用。

社会方面的忧虑，但生物技术的巨大进步使人类对未来的想象有了更广阔的空间。

　　1953 年 2 月的一天，英国科学家弗朗西斯·克里克宣布："我们已经发现了生命的秘密。"他发现 DNA 是一种存在于细胞核中的双螺旋分子，它决定了生物的遗传。有趣的是，这位科学家是在剑桥的一家酒吧宣布了这一重大科学发现的。破译人类和动植物的基因密码，为攻克疾病和提高农作物产量开拓了广阔的前景。1987 年，美国科学家提出了

弗朗西斯·克里克

"人类基因组计划"，目标是确定人类的全部遗传信息，确定人的基因在 23 对染色体上的具体位置，查清每个基因核苷酸的顺序，建立人类基因库。1999 年，人的第 22 对染色体的基因密码被破译，"人类基因组计划"迈出了成功的一步。可以预见，在今后的四分之一世纪里，科学家们就可能揭示人类大约 5000 种基因遗传病的致病基因，从而为癌症、糖尿病、心脏病、血友病等致命疾病找到基因疗法。

　　基因作为机体内的遗传单位，不仅可以决定我们的相貌、高矮，而且它的异常会不可避免地导致各种疾病的出现，某些缺陷基因可能会遗传给后代。基因治疗的提出最初是针对单基因缺陷的遗传疾病，目的在于找一个正常的基因来代替缺陷基因或者来补救缺陷基因的致病因素。用基因治病是把功能基因导入病人体内使之表达，通过表达产物——蛋白质发挥功能使疾病得以治疗。

　　我们可以将基因治疗分为性细胞基因治疗和体细胞基因治疗两种类型。性细胞基因治疗是在患者的性细胞中进行操作，使其后代从此再不会得这种遗传疾病。体细胞基因治疗是当前基因治疗研究的主流，但其不足之处也很

明显，它并没有改变病人已有单个或多个基因缺陷的遗传背景，以致在其后代的子孙中必然还会有人要患这一疾病。

无论哪一种基因治疗，目前都处于初期的临床试验阶段，均没有稳定的疗效和完全的安全性，这是当前基因治疗的研究现状。

信息技术的发展改变了人类的生活方式，而基因工程的突破将帮助人类延年益寿。目前，一些国家人口的平均寿命已突破80岁，中国也突破了70岁。有科学家预言，随着癌症、心脑血管疾病等顽症的有效攻克，在2020至2030年，可能出现人口平均寿命突破100岁的国家。到2050年，人类的平均寿命将达到90至95岁。

继2000年6月26日科学家公布人类基因组"工作框架图"之后，中、美、日、德、法、英等6国科学家和美国塞莱拉公司于2001年2月12日联合公布人类基因组图谱及初步分析结果。这次公布的人类基因组图谱是在原"工作框架图"的基础上，经过整理、分类和排列后得到的，它更加准确、清晰、完整。人类基因组蕴涵有人类生、老、病、死的绝大多数遗传信息，破译它将为疾病的诊断、新药物的研制和新疗法的探索带来一场革命。人类基因组图谱和初步分析结果的公布将对生命科学和生物技术的发展起到重要的推动作用。随着人类基因组研究工作的进一步深入，生命科学和生物技术将随着新的世纪进入新的发展。

▷ 基因工程的弊端

事物都具有两面性，也就是人们常说的"双刃剑"，科研成果也不例外。不得不承认基因工程在向人们展示其巨大魅力的同时，也给人们带来了一个个难题和质疑。在这些难题和质疑之中隐藏的就是基因工程所带来的问题和弊端。

首先，我们看一看重组DNA实验过程中的隐患。在实验室中重组DNA

的时候，有时会把病毒、细菌等作为操作对象。要知道这些实验材料往往具有很高的致病性、抗药性，如果在操作过程中发生意外，后果不堪设想。一方面可能对操作者本身造成危害，另一方面，一旦这些东西通过载体逃逸出实验室，必然会对自然和社会环境造成严重的后果。

在基因治疗的过程中也存在着安全性问题。基因治疗不同于基因工程药物治疗，它是通过转入体内的基因产生特定的功能分子（如细胞因子）而起作用。在此过程中可能引发的安全性问题有很多，例如逆转录病毒载体转入宿主后可能产生插入突变，从而使细胞生长调控异常或发生癌变；导入的目的基因一般不具有表达调控系统，故导入基因的表达水平高低可能会影响机体的一些生理活动。

基因工程对生物界的影响巨大。基因被改动后，一方面可能引起生物体内一系列未知的结构与功能的变化；另一方面，转基因操作对生物体的影响会通过遗传传递。人们通过 DNA 重组技术能将动植物和微生物的基因引入各种生物的细胞中，甚至可以使用一些人工合成的基因。试想这样的生物体一旦进入环境之中，必然会对生态系统的结构产生影响，甚至打破自然界在长期进化过程中的平衡。

另外，一些转基因的生物由于人工改造，在生存上比同类的生物显得更强势，例如被植入人类生长激素的三文鱼比普通三文鱼大 3 倍以上，而且生长速度较快。研究生态的学者担心，强势的转基因生物会令自然界原有的品种绝种，破坏生物多样性。

植物基因工程中也存在严重的问题。转基因农作物会通过花粉将基因传播给近亲植物，这就是科学家所称的基因流，这就会使其他植物也出现转基因农作物的某些特征。这在一定程度上会扰乱生态的自然规律。例如，抗除草剂的基因传播到杂草，会使"超级杂草"出现，危害粮食生产。2001 年 11 月，科学家及墨西哥政府发现墨西哥 300 多种野生玉米品种受到基因污染。墨西哥是玉米的发源地及品种集中地区，基因污染不单破坏了当地的生物多样性，更威胁到粮食安全，因为人类千百年以来就是利用多样的野生品种来培育新的农作物品种以对抗新虫害、新病害以及适应多变的气候和环境条件。原始性状一旦受到破坏，则遗传多样性受到破坏，会严重地威胁粮食安全。

最后，当今世界恐怖主义活动日益猖獗，而人们最担心的就是生化武器的研制和扩散。更可怕的是，生物武器的研制基本已不存在什么秘密，通过重组DNA可以使许多疫苗和抗菌素丧失作用。当前已经生产出了新型、高效传染性病毒，用毒素基因与流感病毒基因拼接的新生物毒素已经能够大批量生产。一旦让那些恐怖分子获取了生产生化武器的技术，任何反恐力量都将会变得脆弱无能，世界安全也就再也无法保障。

你知道吗

抗菌素

抗菌素是一种具有杀灭或抑制细菌生长的药物。天然抗菌素是微生物的代谢产物，其中有一些是肽。抗菌素是细菌、真菌等微生物在生长过程中为了生存、竞争需要而产生的化学物质，这种物质可保证其自身生存，同时还可杀灭或抑制其他细菌。抗菌素广泛应用于兽医临床，在控制与治疗畜禽感染、细菌性传染病方面起到了卓有成效的作用。

总之，基因工程作为人类一个神奇的工具，一方面让人类获得了意想不到的惊喜，在另一方面却又存在着巨大的弊端。要用好这个工具，就要尽量克服弊端，充分发挥它的作用。